畜禽标准化养殖技术手册

浙江省畜牧农机发展中心　组编

猪标准化养殖技术手册

余东游　主编

U0247703

浙江科学技术出版社

图书在版编目(CIP)数据

猪标准化养殖技术手册/浙江省畜牧农机发展中心组
编;余东游主编. —杭州:浙江科学技术出版社,2020.9
（畜禽标准化养殖技术手册）
ISBN 978-7-5341-9144-2

Ⅰ.①猪…　Ⅱ.①浙…②余…　Ⅲ.①养猪学—标准
化—技术手册　Ⅳ.①S828-65

中国版本图书馆 CIP 数据核字（2020）第 134771 号

丛　书　名　畜禽标准化养殖技术手册
书　　　名　猪标准化养殖技术手册
组　　　编　浙江省畜牧农机发展中心
主　　　编　余东游
出 版 发 行　浙江科学技术出版社
　　　　　　　杭州市体育场路 347 号　邮政编码:310006
　　　　　　　编辑部电话:0571-85152719
　　　　　　　销售部电话:0571-85062597
　　　　　　　网　址:www.zkpress.com
　　　　　　　E-mail:zkpress@zkpress.com
排　　　版　杭州大漠照排印刷有限公司
印　　　刷　浙江海虹彩色印务有限公司
经　　　销　全国各地新华书店
开　　　本　787×1092　1/16　　　　印　张　10
字　　　数　206 000
版　　　次　2020 年 9 月第 1 版　　　印　次　2020 年 9 月第 1 次印刷
书　　　号　ISBN 978-7-5341-9144-2　　定　价　62.00 元

策划编辑　詹　喜　　责任编辑　赵雷霖　　文字编辑　周乔俐
责任校对　马　融　　责任美编　金　晖　　责任印务　叶文炀

《猪标准化养殖技术手册》
编写人员

主　　编　余东游

编写人员　余东游　卢建军　杜华华　刘　兵

何俊娜　郭　阳　马莲香　侯川川

邱家凌　鲁鑫涛

组　　编　浙江省畜牧农机发展中心

前　言

畜牧业作为农业的一个重要组成部分,在国民经济中占有重要地位,事关农业增效、农民增收、经济提质。随着乡村振兴战略的顺利实施以及现代畜牧业的快速发展,畜禽养殖已经走上了规模化、标准化和产业化的道路,生产规模由小变大,畜禽活动范围由大变小,对饲养管理等技术的要求由低到高。但是,畜禽生产中规模化水平有待提高、畜禽粪污资源化利用率仍待提升、疫病防控形势依然严峻、畜产品质量安全存在隐患、农场动物福利关注不够等问题,仍然在一定程度上制约着浙江省乃至全国畜牧业的转型发展和绿色发展。

发展畜禽标准化规模养殖,是加快生产方式转变,建设现代畜牧业的重要内容。畜禽标准化生产,就是在场址布局、栏舍建设、生产设施配备、良种选择、投入品使用、卫生防疫、粪污处理利用等方面,严格执行法律法规和相关标准的规定,并按程序组织生产的过程。标准化畜禽养殖场,应按照"品种良种化、养殖设施化、生产规模化、防疫制度化、粪污处理无害化、监管常态化"的要求,大力推广安全、高效的饲料配制和科学饲养管理技术,制定实施行之有效的疫病防控规程,不断提高养殖水平和生产效率,切实保障畜产品的质量与安全。

编者结合多年生产和教学实践经验,并参考了大量国内外相关的最新技术资料,从实际、实用、实效出发,编著了《猪标准化养殖技术手册》《肉鸡标准化养殖技术手册》《鸭标准化养殖技术手册》《蜜蜂标准化养殖技术手册》等系列图书,旨在帮助广大畜牧生产者提高科技水平与经济效益。本系列图书立足浙江,面向全国,除阐述了基础理论知识外,还着重从畜禽饲养管理、疾病防控、废弃物无害化和减量化处理、农场动物福利等方面进行了介绍。

本系列图书语言通俗易懂、简明扼要,并配备了大量的图片,力求理论联系实际,使读者能更加直观地了解和掌握相关内容;内容翔实,具有较强的系统性、科学性、先进性和实用性;既可供有关生产、科研单位技术人员阅读参考,也适用于农业院校动物科学、动物医学等专业师生学习参考。

在本书编写过程中,顾小根、施明华、沈顺新、杨信金、何家梁、蒋建宇、陈宝剑、薛宏烽、魏宗友、陈峥屿、盛云华、任建新等提供了相关图片,在此表示衷心的感谢!

鉴于编者水平所限,书中难免存在不足之处,敬请读者批评指正。

编者

2020年5月

目 录

第一章 猪品种

第一节 猪的品种分类

根据猪种肉脂生产的能力与外形等经济类型特点,可将猪分为三类:脂肪型、肉用型与兼用型。

1.脂肪型

这一类猪能生产较多的脂肪,脂肪一般占胴体的50%左右,皮下脂肪在4厘米以上。其外形特点为下颌沉重而多肉,体躯宽深,四肢短,大腿丰满,臀部平厚而宽,体长与胸围大致相等,或有2～5厘米差异。皮薄毛稀,肉质细致,具有早期沉积脂肪的能力。如广西的陆川猪(图1-1)为脂肪型猪品种的典型代表。

图1-1 陆川猪

2.肉用型

肉用型又称腌肉型、瘦肉型。这类猪沉积蛋白的能力较强,胴体瘦肉多于肥肉,脂肪仅占30%～45%,膘厚2.5～3.0厘米。其外形特点与脂肪型相反,体躯浅而窄,四肢较长,体长比胸围大15～20厘米,背线与腹线大致平行,颈部肉少而轻,腿臀丰满,胸腹部肉较为发达。此类猪生长发育较快,产仔也较多,但对饲料条件要求高,特别要求高蛋白饲料。来源于英国的大约克夏猪（图1-2）属于此类猪。

图1-2　大约克夏猪

3. 兼用型

兼用型又称鲜肉型，其生产的肉品既鲜嫩，又营养丰富。这类猪生产瘦肉与脂肪的能力相差不大，瘦肉与脂肪各占胴体的50%左右，膘厚3～4厘米。其外形特点介于脂肪型和肉用型之间，体质结实，背线有时呈弓形，颈短，躯干不长且较宽，背腰较厚，腿臀发达，肌肉组织致密。我国大部分地区的地方猪（图1-3，图1-4）属于此类猪。

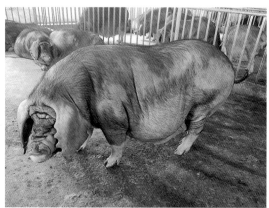

图1-3　岔路猪　　　　　　　　　　图1-4　梅山猪

猪的经济类型主要是根据其胴体的用途划分的。不同用途的胴体，其瘦肉和脂肪比例也不同，所以猪的外形表现也有所差异。这种外形与胴体的差异固然由其遗传基础决定，但也受饲养管理和肥育方式的影响，因此按照猪的经济类型划分品种类型也不是绝对的。

第二节　国外引进的主要品种

国外引进的瘦肉型猪品种主要有杜洛克猪、约克夏猪与长白猪。这三类猪一般以杜洛克猪为父本,约克夏猪与长白猪的后代为母本,杂交成结合三者优势的商品瘦肉型的外三元猪。当然,也会将国外引进的瘦肉型猪作为生产商品代瘦肉猪的父本,然后与当地品种母猪杂交,形成既有地方优势又能满足市场需求的杂交新品种。

1. 杜洛克猪

（1）产地与分布。

杜洛克猪原产于美国,现广泛分布于世界各地。

（2）外貌特征。

杜洛克猪（图1-5）头较小而清秀,脸部微凹,嘴筒短直,耳中等大小、略前倾。胸宽深,腰身长,腿臀发达,被毛暗红色,背腰略呈拱形,腹线平直,四肢强健。

（3）生产性能。

杜洛克猪适应性强,耐低温,生长速度快,耐粗性能强,产肉性能好,但对高温的耐力较差。目前我国有不少地区饲养该猪种,且大多来自美国与加拿大,被称为美系杜洛克猪与加系杜洛克猪。

（4）繁殖性能。

杜洛克猪繁殖力一般,其公猪包皮较小,睾丸匀称突出,附睾较明显。母猪外阴部大小适中,乳头一般为6对,母性一般,平均窝产仔猪9头左右。

（5）杂交效果。

杜洛克猪主要用作终端父本,可较大程度地提高肥育猪的胴体瘦肉率及肉质。

图1-5　杜洛克猪

2. 长白猪

（1）产地与分布。

长白猪又称兰德瑞斯猪，是世界著名的瘦肉型猪种，原产于丹麦，现已在世界广泛分布。

（2）外貌特征。

长白猪（图1-6）全身被毛为白色，头狭长，嘴筒直，鼻梁长，面无凹陷，两耳大多向前伸。体躯呈楔形，前轻后重，胸宽深适度，腹线平直，后驱丰满，全身紧凑，呈"流线型"。

（3）生产性能。

长白猪对饲料的利用率高，生长增重迅速，出栏时胴体瘦肉率较高，背膘较薄。但这种猪体质弱，抗逆性较差，对饲养管理条件要求高。

（4）繁殖性能。

长白猪性成熟较晚，一般在6月龄性成熟，母猪繁殖性能较好，平均窝产仔猪11头左右。

（5）杂交效果。

长白猪一般与我国地方猪种杂交，其杂交后代的日增重、瘦肉率与饲料转化率均能得到显著提高。在商品猪杂交配套系中，长白猪既可用作父本，又可用作母本。

图1-6　长白猪

3. 大约克夏猪

（1）产地与分布。

大约克夏猪又称大白猪，原产于英国北部的约克郡及其邻近地区。约克夏猪分为大、中、小三个类型，而只有大约克夏猪属于瘦肉型猪，性状优良，目前已广泛分布于世界各地。

（2）外貌特征。

大约克夏猪（图1-7）全身被毛为白色，体形大而匀称，呈长方形。耳薄而大并直立，头长鼻直，颜面宽而呈中等凹陷，四肢及头颈较长，腹部紧实。

（3）生产性能。

大约克夏猪适应性好，增重快，饲料转化率高，出栏胴体屠宰率较高且胴体品质好，但在养殖生产中易患蹄质不坚实、多蹄腿病等疾病。

（4）繁殖性能。

相比于其他国外引进品种，大约克夏猪繁殖能力较强。母猪大致在5月龄发情，平均窝产仔猪11头左右。

（5）杂交效果。

目前大部分猪种或多或少都含有大约克夏猪的血缘。国内常用大约克夏猪作为父本，地方猪种作为母本进行二元杂交来改良当地猪种。

图1-7 大约克夏猪

第三节　浙江主要地方猪种

1. 金华两头乌猪

（1）产地与分布。

金华两头乌猪主要分布于浙江金华地区。

（2）外貌特征。

金华两头乌猪（图1-8）除头颈与臀尾的毛色为黑色外，其余部位均为白色，故有"两头乌"之称。金华两头乌猪体形中等偏小,耳中等大小且略下垂,额有皱纹,颈粗短。背微凹,腹大微下垂,臀较倾斜,四肢细短,蹄坚实呈玉色。皮薄、毛疏、骨细,四肢结实。

（3）生产性能。

金华两头乌猪具有皮薄、肉嫩、骨细和肉品质好等特点,适合腌制火腿与腊肉。以此为原料制作的金华火腿,是我国著名的传统熏腊制品,为火腿中的上品。

（4）繁殖性能。

金华两头乌猪具有性成熟早、性情温驯、母性好和产仔多等优良特性,平均每窝产仔数为14头左右,仔猪育成率超过90%。

（5）杂交效果。

以金华两头乌猪为母本,与大约克夏猪、长白猪等国外引进品种进行二元杂交,能显著提高杂交猪的增重速度,减少饲料消耗量,提高瘦肉率。

图1-8　金华两头乌猪

2. 嘉兴黑猪

（1）产地与分布。

嘉兴黑猪是太湖猪的一个地方类群,中心产区在浙江省嘉兴市各县(市、区),现已遍布浙江省各地,毗邻的上海、福建、安徽等省(市)亦有分布,是浙江省重点保护品种。

（2）外貌特征。

嘉兴黑猪(图1-9)毛色全黑,稀而短软,成年种猪鬐甲部鬃毛长而硬;皮较厚,在皮色上有紫红皮、浅灰皮、黑皮之分;头大额宽,额部有明显的皱褶,分寿字头、马面头、翁字头三种;两耳大,软而下垂;嘴筒长且微凹;四肢稍高,后腿瘦削、有皱褶,部分卧系撒蹄,骨骼粗壮、结实;体形中等,结构匀称,臀部肌肉欠丰满。

(3)生产性能。

嘉兴黑猪早熟易肥,耐粗饲,适应性强;肉质鲜美,瘦肉中的脂肪含量高,口感好。

(4)繁殖性能。

嘉兴黑猪以繁殖力高著称,母猪乳头8～10对,性成熟早,常年发情,经产母猪平均产仔数为15头左右。母猪泌乳力强,仔猪的育成率较高。

(5)杂交效果。

嘉兴黑猪遗传性能较稳定,与瘦肉型猪种杂交优势明显,适宜作为母本与国外引进的瘦肉型猪种进行三元杂交,其后代具有产仔数多、瘦肉率高、生长速度快等优点。

图1-9 嘉兴黑猪

3. 其他(嵊县花猪、龙游乌猪等)

浙江省地方性优良猪种除了有以上提到的外,还有嵊县花猪、龙游乌猪、淳安花猪等。

嵊县花猪(图1-10)主要分布于嵊州、新昌及相邻的上虞、柯桥、天台、奉化、余姚等县(市、区)。其猪种耳大而厚,垂向前下方、面微凹,额部皱纹多且呈菱形;颈较细,胸较宽,背腰多平直,腹下垂;四肢粗壮,大腿不够丰满,尾尖扁平。嵊县花猪以骨架大、耐粗饲、繁殖率高、性情温驯、肉质鲜美、母性好、种用年限长而著称。其抗病力强,仔猪育成率高,适应性强,各地均可饲养,其杂种优势明显,是杂交利用的优良母本品种。

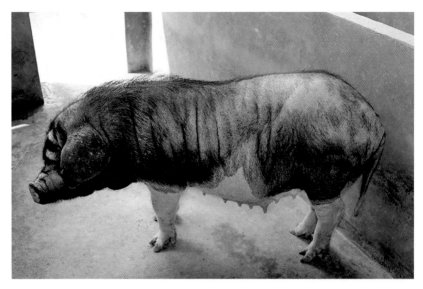

图1-10 嵊县花猪

龙游乌猪（图1-11）现分布于衢州市、兰溪市、遂昌县等地，是浙江省优良地方猪种之一。龙游乌猪体形中等偏小，腹部大小适中，臀稍倾斜，尾较短小，四肢细短，蹄质坚实；全身被毛黑色，毛疏而细短，鬃毛不发达；乳头多为7～8对，具有仔猪断乳早、脂肪沉积早等特点。但龙游乌猪个体不大，生长较慢，饲料利用率较低，因此对龙游乌猪进行品种选育时，应注意提高其生长速度。

图1-11 龙游乌猪

淳安花猪（图1-12）主要产于淳安县境内，是我国地方猪种"基因库"中的宝贵品种资源，具有母性好、耐粗饲的特点。其肉鲜、香、细、嫩，既适合鲜销、现烧，又是腌制火腿、腊肉的优质原料。其缺点为生长较慢、易长肥膘。由于受长白猪、大约克夏猪等外来快长瘦肉型猪种的冲击,淳安花猪产区的原种群体数量急剧减少。近年来的调查研究显示,淳安花猪在繁殖性能、抗病力、适应性等方面都表现了特有的品质,是值得推广和保护的地方品种。

图1-12　淳安花猪

第四节　猪的杂交生产

猪的杂交是指不同品种或品系间的交配,遗传学上指的是基因频率不同的群体间的交配。一般将品种间杂交生产的商品猪称为杂种猪,品系间杂交生产的商品猪称为杂优猪。在杂交中用作公猪的品种叫父本,用作母猪的品种叫母本。猪的杂交方式主要有以下几种:

1. 两品种杂交

两品种杂交又称二元杂交,是指两个不同品种(系)的公母猪进行交配生产杂种一代(二元杂种猪)的过程(图1-13)。这种杂交方式简单易行,杂种优势明显。二元杂交的杂交一代公猪全部肥育;母猪因其母性、泌乳性能明显高于纯种猪,抗逆性和耐粗饲能力较强,主要用于生产三元杂交商品猪。

A品种♂(公)　　　×　　　B品种♀(母)

↓

AB(二元杂交商品猪)

图1-13　二元杂交示意图

2. 三品种杂交

三品种杂交又称三元杂交,即先用两个纯种亲本杂交,再利用在繁殖性能方面具有显著杂交优势的杂种一代母本群体,与第三个品种作父本交配生产商品杂种猪群的过程(图1-14)。其杂交生产的商品猪的肥育效果一般比两品种杂交生产的商品猪的肥育效果好。

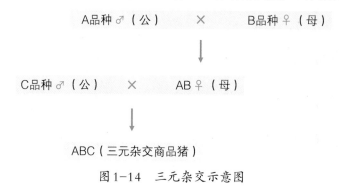

图1-14 三元杂交示意图

3. 四品种杂交

四品种杂交又称双杂交,一般有两种杂交形式:一种是先以四个品种(系)分别两两杂交,然后再利用两个杂交一代进行杂交生产商品肥育猪(图1-15a);另一种是用三品种杂交的杂种猪作母本,再与另一品种的公猪杂交生产商品肥育猪(图1-15b)。

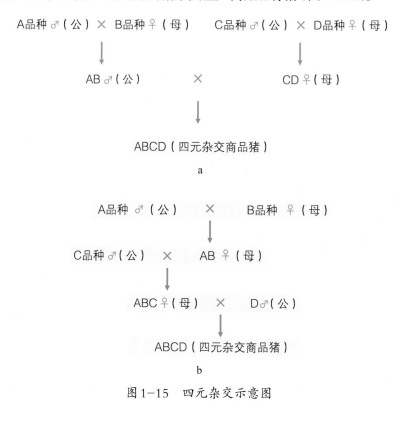

图1-15 四元杂交示意图

第五节　种猪的选择与引种

种猪是繁殖的基础,其质量直接影响整个猪群的生产水平,种猪的选择必须符合生产目标。只有将种猪选好,才能生产优良的后代,因此种猪的选择是养猪生产中关键的第一步。

一、公猪的选择

1. 种公猪的选择

母猪群的受胎率、产仔数及其后代整个猪群的品质在很大程度上取决于种公猪的质量,因此应重视优良种公猪的选择,以便发挥其繁殖潜力。

（1）种公猪的来源。

种公猪应从良种猪场选择,外购种公猪应按照《中华人民共和国畜牧法》的有关规定从具有种畜禽生产经营许可证的猪场引进,按照严格的档案记录,选择饲料利用率高、生长速度快、血缘纯的优良品种。若选用的种公猪用于生产母猪,则应侧重其繁殖性能的选择;若用于生产商品猪,则应侧重其生长发育性能的选择。

（2）体形外貌。

体形外貌应符合该品种的要求。所选种公猪应整体结构匀称,头颈、肩背腰部和后躯结合良好,胸宽深,背宽平,体躯长,腹部平直,乳头排列整齐,发育良好;四肢强健、结实、无裂蹄,后躯肌肉发达,行动灵活,步伐开阔;睾丸发育良好,左右匀称,符合品种的特征。凡患有脐疝（图1-16）或腹股沟疝的公猪一律不能选作种用。

图1-16　患有脐疝的公猪

（3）繁殖性能。

种公猪的生殖器官应发育正常。对已达到性成熟的种公猪的精液品质进行检查,主要通过检查精液量、颜色、气味、pH、精子活力等确定其精液品质和种用价值。此外,种公猪还应具有正常的性行为、性欲良好、配种能力强等条件。

(4)健康无病。

对种公猪抽血化验,确保无猪瘟、蓝耳病、细小病毒病等易传播的疾病。选留生长发育快、种质测定成绩好的种猪。

2.种公猪的淘汰与更新

一般种公猪的使用年限为3年,年淘汰率≥30%。应及时淘汰体况过肥或过瘦、精子活力差、缺乏性欲、患有繁殖疾病(如睾丸炎、附睾炎等)或肢蹄病、有恶癖(如自淫)、咬斗母猪、攻击操作人员的后备公猪。

大多数种公猪的使用年限至少可达2年,在3岁时被淘汰。各场需根据实际情况,调整后备公猪的更新计划。

二、母猪的选择

1.母猪的选择

种母猪是猪群繁殖的基础,其质量直接影响整个猪群的生产水平,因此要进行科学合理的选种,以发挥种母猪的繁殖潜力。

(1)场外种母猪的选择。

母猪的选择要以父母的生产性能为依据,即从生长发育快、体形外貌好、饲料转化率高的公猪与产仔数多、出生重大、泌乳力强、育成率高、离乳窝重大和母性好的母猪所生的后代中选择,选择时还应结合本身的生长发育和体形外貌情况进行选用。

①体形外貌:符合品种特征。被毛有光泽,四肢健壮,性情温顺;头清秀,颈细长,目光明亮有神,背腰平直,中躯较长,后躯发达,体躯有一定的深度;腹大充实但不过分丰满,肌肉丰满,臀部平直;应具有该品种应有的有效乳头数(大约克夏猪、长白猪应在7对以上,杜洛克猪应在6对以上),且排列整齐,有一定的间距,分布均匀,无瞎、瘪乳头;外生殖器正常。

②繁殖性能:后备种母猪在6~8月龄时配种,要求发情明显,易受孕。当母猪有繁殖成绩后,要重点选留产仔数多、泌乳力强、母性好、仔猪育成率高的种母猪。根据实际情形,淘汰繁殖性能不良的母猪。

(2)场内种母猪的选择。

猪的性状是在其个体发展的过程中逐渐形成的。因此,在个体发育的不同时期应采用相应的技术有所侧重地选择。种母猪的选择一般经过以下几个阶段:

①断奶阶段的选择。初选可在仔猪断奶时进行。选留前通过审查系谱记录确定其祖先及同胞无遗传疾病，否则整窝一律不选为后备种猪。选用的仔猪须来自母猪产仔数较多、哺育率高、断乳体重大的窝中，符合本品种外形特征；生长发育良好，性格活泼，体重高于平均体重，皮毛光亮，背部宽长，四肢结实有力；有效乳头数在6对以上，没有遗传缺陷和瞎乳头，母猪初选数量为最终预定留种数量的5～10倍，以便后期有较高的选留机会。

②测定结束阶段的选择。性能测定一般在5～6月龄结束，此时个体的重要生产性状（除繁殖性能）均已基本表现出来，是选种的关键时期。性能测定包括体尺和生产性能测定，并采用B超测定背膘和眼肌面积。符合本品种要求的后备猪可转入种猪群；凡体质衰弱、体形有严重损征、肢蹄存在明显疾患、有内翻乳头、外阴部特别小、同窝出现遗传缺陷者，可先行淘汰。此外，要对乳头缺陷和肢蹄结实度进行普查。严格按综合育种值指数的高低进行个体选择，选留量可比最终留种数量多15%～20%。

③母猪繁殖配种阶段的选择。该阶段的主要选择依据是个体本身的繁殖性能。对以下情况的母猪予以淘汰：7月龄后毫无发情征兆者；在1个发情期内连续配种2次未受胎者；断奶后2～3月龄无发情征兆者；母性太差者；产仔数过少者。

④终选阶段的选择。当母猪有了第二胎繁殖记录时可作出最终选择。主要依据是母猪的繁殖性能，可根据本身、同胞和祖先的综合信息判断是否留种。同时，可利用已有的后裔生长和胴体性能的成绩，亦可对公猪的种用遗传性能作出评估，决定是否继续留用。

2. 母猪的淘汰与更新

种母猪的淘汰分为自然淘汰和异常淘汰。自然淘汰是指到了一定的使用年限（3～4年），难以维持正常生产性能的母猪，或者由于生产计划变更、引种、疫病等因素，对繁殖性能较低的母猪群进行淘汰或处理。异常淘汰是指出现异常情况后不得不对种母猪进行淘汰。生产中引起母猪异常淘汰的原因有很多，主要包括繁殖功能障碍、遗传缺陷、产科病、营养性疾病、肢蹄病等因素。

此外，按计划及时补充后备母猪，

$$年提供后备母猪数＝基础母猪数×淘汰更新率÷85\%。$$

三、引种注意事项

①应从非疫区且具有种猪生产经营许可证的种猪场引种，严禁从疫区引进种猪。

②猪只在装运及运输过程中不应接触其他偶蹄类动物，运输车辆装运前必须彻底清洗、消毒。

③引进的种猪必须在隔离区饲养30天以上，经兽医检查确定健康合格后，方可转入繁殖区使用。

第二章　猪的营养需要与饲养标准

第一节　猪的营养需要

营养需要是指动物为了维持正常的生命活动和生产而对饲料营养物质的最低需求。从生理角度出发，营养需要可分为维持需要和生产需要。生产需要又分为生长营养需要、繁殖营养需要等。猪对各种营养物质的需要因其品种、日龄、性别、体重、生产目的、生产性能等不同而有所差异。

一、维持需要

维持需要，是指维持动物正常生命活动而不进行生产活动时的营养需要，包括保持体温恒定，维持呼吸、血液循环与内分泌系统的正常机能，保证体组织在不断更新下的代谢平衡（毛发、表皮等生长）以及日常活动所需要的营养物质。

在生产中，合理平衡维持需要与生产需要之间的关系，尽可能地减少维持消耗，可提高生产效率。不同体重阶段猪的维持需要见表2-1。

表2-1　猪的维持需要（每日每头需要量）

体重/千克	消化能/兆焦	可消化粗蛋白/克	钙/克	磷/克	食盐/克	胡萝卜素/毫克
10	3.77	23	1.3	1.3	1.0	1
20	5.94	36	2.0	2.0	1.5	2
30	7.66	46	2.6	2.6	2.0	3
40	9.10	54	3.0	3.0	2.0	4
50	10.04	60	3.3	3.3	2.5	5
60	10.88	65	3.5	3.5	2.6	6
70	11.38	68	3.7	3.7	2.7	7
80	11.72	70	3.8	3.8	2.8	8
90	11.92	72	4.0	4.0	3.0	9
100	11.92	72	4.0	4.0	3.0	10
150	16.11	96	5.3	5.3	4.0	15
200	20.04	120	6.5	6.5	5.0	20
250	23.68	142	7.7	7.7	5.5	25
300	27.15	162	8.8	8.8	6.5	30

二、生长营养需要

生长发育是动物生命过程中的重要阶段,肥育是生猪养殖的重要生产目的,营养物质则是生长肥育的物质基础。要准确地确定猪的营养需要,必须了解不同生长阶段猪的生长规律及其营养需要的特点。

1. 仔猪生长营养需要

仔猪一般指从出生到10周龄阶段的猪。仔猪又分为哺乳仔猪与断奶仔猪两个阶段,目前我国集约化猪场多采用早期断奶。哺乳仔猪的生理特点为:新陈代谢旺盛,生长发育快;消化器官不发达,消化机能不完善;缺乏先天免疫力,容易得病;调节体温能力差,怕冷。在哺乳仔猪阶段,一般采取母乳喂养并适当补料以促进仔猪消化道的发育和对固体饲粮的适应。在断奶仔猪阶段,开始正常使用饲粮饲喂。以下内容主要针对断奶仔猪饲粮的要求展开。

（1）能量需要。

一般而言,仔猪出生2个月后其消化系统才能发育完善。一般3周龄断奶仔猪每千克饲粮内至少应该含有13.4兆焦的消化能。2012年NRC（美国国家研究委员会）推荐的仔猪每千克饲粮消化能含量为:5～11千克仔猪为14.83兆焦,11～25千克仔猪为14.61兆焦。

（2）蛋白质需要。

猪幼龄时生长迅速,体重的增加主要由于水分的吸收和蛋白质的沉积,随着年龄增长,蛋白质沉积逐渐减少。仔猪每千克饲粮粗蛋白含量的要求为:3～8千克仔猪为21.0%,8～20千克仔猪为19.1%。

（3）矿物质需要。

对于仔猪,必需的矿物质元素不能少,但从缺乏程度、添加量以及饲粮平衡等因素考虑,钙、磷相对于其他矿物质元素更为重要。2012年NRC对仔猪每日钙、磷需要量提出的要求为:5～7千克仔猪需要2.26克钙,1.09克有效磷;7～11千克仔猪需要3.75克钙,1.69克有效磷;11～25千克仔猪需要6.34克钙,2.63克有效磷。

初生仔猪体内铁的贮存量很少,而且母乳内铁的含量远远不能满足仔猪需要,若得不到补充,仔猪就会出现贫血症,所以在出生后3～4日龄时需要补铁。

（4）维生素需要。

对于猪,脂溶性维生素（维生素A、维生素D、维生素E、维生素K）必须由饲粮提供,尤其是消化道功能尚未健全的仔猪。2012年NRC对5～25千克仔猪的每日维生素需要量提出的要求为:维生素A为585～1584 IU,维生素D为59～181 IU,维生素E为4.3～10.0 IU,维生素K为0.2～0.5毫克。

2. 生长肥育猪生长营养需要

肥育是指肉用猪在生长后期经强化营养而使瘦肉和脂肪快速沉积。在这个阶段,骨骼最先发育,活重20～30千克阶段是骨骼生长高峰期;肌肉其次;脂肪在早期沉积很少,随着日龄的增长,沉积速度加快,当活重达50～60千克以后,脂肪开始大量沉积直至成年。瘦肉型猪在不同的体重阶段,肌肉的增长是相对均衡的,从小猪到大猪基本变动在58%～64%,即使达到90～100千克体重时,瘦肉仍保持较高的增长速度。

根据这些规律,肉猪前期应该给予高营养水平饲粮,尤其要注意日粮的氨基酸含量及比例,以促进骨骼和肌肉的快速发育;后期要适当限饲,以减少脂肪的沉积,提高胴体瘦肉率。

（1）能量需要。

我国NY/T 65—2004《猪饲养标准》推荐,瘦肉型生长肥育猪每千克饲粮需要提供的消化能为13.39～14.02兆焦,肉脂型生长肥育猪为11.70～13.80兆焦。猪在生长前期的发育强度大,后期生长速度降低,所以前期所需的能量高于后期。猪的瘦肉率越高,达到出栏体重（90千克）需要的时间越短,对能量的需要量也越高。

（2）蛋白质需要。

成年猪需要10种必需氨基酸:赖氨酸、蛋氨酸、色氨酸、苯丙氨酸、亮氨酸、异亮氨酸、缬氨酸、苏氨酸、组氨酸和精氨酸。其中赖氨酸为第一限制性氨基酸,对猪的增重速度、饲料利用率和胴体瘦肉率的提高具有重要作用。对于瘦肉型生长肥育猪,每千克饲粮蛋白质及氨基酸含量的要求为:20～35千克体重,粗蛋白为17.8%,赖氨酸为0.90%;35～60千克体重,粗蛋白为16.4%,赖氨酸为0.82%;60～90千克体重,粗蛋白为14.5%,赖氨酸为0.70%。

（3）矿物质需要。

生长肥育猪必需的常量元素和微量元素有十余种。前者主要有钙、磷和钠等,后者中最重要的是铁、铜、锌、锰、硒等。2012年NRC对生长肥育猪每日钙、磷需要量提出的要求为:25～50千克体重,钙为9.87克,有效磷为3.90克;50～75千克体重,钙为12.43克,有效磷为4.89克;75～100千克体重,钙为13.14克,有效磷为5.15克;100～135千克体重,钙为12.80克,有效磷为4.98克。

（4）维生素需要。

维生素是猪正常发育不可缺少的营养物质之一。瘦肉型生长肥育猪对维生素的绝对需要量随体重的增长而增加。2012年NRC对生长肥育猪每日维生素的需要量提出的要求为:25～135千克体重,维生素A为1954～3623 IU,维生素D为225～418 IU,维生素E为16.50～30.70 IU,维生素K为0.75～1.39毫克。

3. 繁殖营养需要

繁殖是动物种族繁衍的重要生理机能,动物的生产水平和效益与动物的繁殖性能密切相关。尽管繁殖的营养需要低于快速生长的营养需要,但合理的营养管理对于最大限度提高动物的繁殖成绩十分重要。母猪的繁殖周期可以分为配种准备期、配种期、妊娠期和哺乳期,每个阶段的生理特点和营养要求不同。种公猪的培育主要是为了提供优质精液,其繁殖营养需要与母猪存在一定差异。

(1)种公猪营养需要。

饲养种公猪的基本要求为:保证公猪有健康的体格、旺盛的性欲和良好的配种能力;精液品质良好,精子密度大、活力强,能保证母猪受孕。因此,种公猪繁殖营养需要的确定应根据公猪的身体状况,配种任务和精液的数量、质量而定。

①能量需要。若后备公猪能量供给不足,会导致睾丸和附属性器官发育不正常,推迟性成熟;能量水平过高又导致公猪体况偏肥,性机能减弱。概括地说,公猪能量需要的原则是:不宜过高或过低,以保持公猪有不过肥或过瘦的种用体况。种公猪能量需要是在维持营养需要的基础上增加20%。据2012年NRC推荐,配种公猪每千克饲粮含消化能为14.24兆焦。

②蛋白质需要。蛋白质对精子的质和量都有很大影响。精液中干物质占5%,其中蛋白质占3.7%,种公猪对蛋白质的需要实际上是对必需氨基酸的需要。NY/T 65—2004《猪饲养标准》规定,瘦肉型种公猪每千克饲粮中粗蛋白含量为13.5%,其中赖氨酸含量为0.55%,蛋氨酸和胱氨酸含量为0.38%,苏氨酸含量为0.46%,亮氨酸含量为0.47%。

③矿物质需要。钙、磷对公猪精液品质的影响很大。钙、磷缺乏时,精子发育不全,活力不强;过多时,也会影响精子活力。因此,需要保持钙、磷含量和适宜的比例。后备公猪饲粮含钙0.90%,成年公猪饲粮含钙0.75%可满足繁殖需要,钙磷比以保持在(1~2):1为宜。同时,硒含量也会影响公猪的生殖系统,而且附睾各部分的硒含量与精子密度关系密切。研究表明,缺锰会引起公猪生殖系统退化。此外,公猪的精液还含有钠、钾、镁、氯、锌等矿物质元素,因此还应保证相关矿物质元素的供应。配种公猪的饲粮中,推荐硒含量为0.15毫克/千克,锰含量为20毫克/千克,锌含量为75毫克/千克。

④维生素需要。维生素A与种公猪性成熟和配种能力密切相关,缺乏维生素A会引起睾丸萎缩、生精过程停止。长期缺乏维生素E,可导致成年公猪睾丸退化,永久性丧失繁殖能力。每千克配种公猪饲粮中,推荐维生素A含量为4000 IU,维生素D含量为220 IU,维生素E含量为45 IU,维生素K含量为0.5毫克。

(2)后备母猪与空怀母猪营养需要。

后备母猪指的是2月龄到配种前的母猪。一般规模化猪场每年基础母猪的淘汰率为25%~35%。因此,必须选留出占种猪群30%~40%的后备母猪来补充替代淘汰的母猪,以保持高繁殖力的猪群结构。经产母猪从仔猪断奶到再次配种的这段时间为空怀期,其饲养要求为:保证母猪健康,正常发情,减少不孕现象,提高妊娠率。

对于后备母猪,最好采用限量饲喂的方法。育成阶段日喂量占其体重的2.5%～3%,体重达80千克后日喂量占体重的2%～2.5%,一般控制6～8月龄后备母猪,体重达成年体重的40%～50%。另外,在配种前10～12天,后备母猪应实行优饲催情,以增加母猪排卵数。具体操作方法是在配种前2周让母猪自由采食,日采食量不少于3千克,饲粮能量水平比维持水平高50%～100%。研究表明,后备母猪每千克饲粮应含消化能12.96兆焦,粗蛋白含量为15.0%,赖氨酸含量为0.7%,钙含量为0.82%,有效磷含量为0.40%。

经产母猪的空怀期正常为3～10天,空怀期的时间长短主要取决于母猪的膘情。母猪经哺乳期泌乳的消耗,体重普遍减轻20%左右,泌乳量高的母猪可能减重30%以上。每千克空怀母猪饲粮一般含消化能11.72～12.13兆焦,粗蛋白含量为13%～14%。

(3)妊娠母猪营养需要。

妊娠期间,母猪增重由两部分组成。一是子宫及其内容物的增长,随着胎儿的生长发育,子宫也在增长。二是营养物质在子宫、胎儿和乳腺内沉积,使母体增重。在同等营养水平下,妊娠母猪比空怀母猪有着更强的沉积营养的能力,即代谢能力增强(称为孕期合成代谢)。因此,母猪在这一阶段的饲养应采取"前低后高"的饲养方式。妊娠后期(最后1个月)提高饲粮营养水平或增加喂料量,可提高仔猪的出生重和成活率,还能促进母猪乳腺充分发育,为产后泌乳奠定基础。

①能量需要。妊娠前期:120～150千克初产母猪日采食量为2.10千克,每千克饲粮含消化能为12.75兆焦;150～180千克经产母猪日采食量为2.10千克,每千克饲粮含消化能为12.35兆焦;体重大于180千克的经产母猪日采食量为2.00千克,每千克饲粮含消化能为12.15兆焦。妊娠后期:120～150千克初产母猪日采食量为2.60千克,每千克饲粮含消化能为12.75兆焦;150～180千克经产母猪日采食量为2.80千克,每千克饲粮含消化能为12.55兆焦;体重大于180千克的经产母猪日采食量为3.00千克,每千克饲粮含消化能为12.55兆焦。

②蛋白质需要。妊娠母猪每千克饲粮粗蛋白含量分别为:在妊娠前期,120～150千克初产母猪为13.0%,150千克以上经产母猪为12.0%;在妊娠后期,120～150千克初产母猪14.0%,150～180千克经产母猪13.0%,180千克以上经产母猪为12.0%。饲粮中赖氨酸含量分别为:在妊娠前期,120～150千克初产母猪0.53%,150～180千克经产母猪为0.49%,180千克以上经产母猪为0.46%;在妊娠后期,120～150千克初产母猪为0.53%,150～180千克经产母猪为0.51%,180千克以上经产母猪为0.48%。

③矿物质需要。对于妊娠母猪,最重要的矿物质元素是钙和磷。饲粮中缺钙时,不仅会导致母猪患骨质疏松症,严重缺乏时还会导致胎儿发育阻滞,甚至死亡。饲粮中缺磷会

导致母猪不孕或流产。因此，为了保证母猪的正常繁殖，应该注意补充钙、磷，同时要注意两者的比例，推荐钙磷比为（1～1.5）∶1。根据我国NY/T 65—2004《猪饲养标准》，妊娠期母猪饲粮含钙0.68%，有效磷0.32%。另外，铜、铁、锰、锌等微量元素对于妊娠母猪和胎儿发育也起到了重要作用，每千克妊娠期母猪饲粮含铜5.0毫克、铁75.0毫克、锰18.0毫克、锌45.0毫克。

④维生素需要。对母猪繁殖而言，最重要的维生素为维生素A、维生素D及维生素E。母猪缺乏维生素A，会导致受精卵发育受阻甚至流产。维生素D对钙、磷代谢十分重要，是母猪维持妊娠和泌乳所必需的维生素。维生素E在机体抗氧化和提高免疫机能方面有重要作用，初乳中所含的维生素E有益于新生仔猪的健康。推荐妊娠母猪饲粮中维生素A含量为3620 IU/千克、维生素D_3为180 IU/千克、维生素E为40 IU/千克。

（4）泌乳母猪营养需要。

泌乳母猪除维持正常代谢和增长体组织外，还要泌乳哺育仔猪，泌乳量和乳的组成成分取决于饲粮中营养成分的供给量和泌乳母猪的采食状况，而泌乳量和乳质又直接影响仔猪的断奶体重和存活率。泌乳母猪营养管理的主要任务是始终保持母猪的旺盛食欲，以提高泌乳量和乳品质；控制母猪减重，以便在断奶后能够正常发情、排卵，并延长其利用年限。

①能量需要。泌乳母猪能量需要由维持、产奶和体重变化三项组成。根据我国NY/T 65—2004《猪饲养标准》，建议泌乳母猪每千克饲粮含消化能为13.80兆焦/千克。

②蛋白质需要。蛋白质是乳的重要组成成分，提高泌乳母猪饲粮中的蛋白质和氨基酸水平，可以提高仔猪的断奶重，减少母猪泌乳期的失重，缩短断奶后的发情间隔。泌乳母猪每千克饲粮蛋白质和氨基酸含量推荐为：分娩体重为140～180千克，体重没有损失的母猪粗蛋白含量为17.5%，赖氨酸含量为0.88%，缬氨酸含量为0.74%；如果母猪哺乳期体重易损失或损失较大，则应调整营养水平，体重变化10千克以内的母猪粗蛋白含量为18.0%，赖氨酸含量为0.93%，缬氨酸含量为0.79%。分娩体重为180～240千克，体重变化7.5千克以内的母猪粗蛋白含量为18.0%，赖氨酸含量为0.91%，缬氨酸含量为0.77%；体重变化7.5～15千克的母猪粗蛋白含量为18.5%，赖氨酸含量为0.94%，缬氨酸含量为0.81%。

③矿物质需要。泌乳期母猪从乳中分泌出大量矿物质。因此，必须保证泌乳母猪所需矿物质元素的稳定供应，同时还要注意矿物质元素之间以及矿物质元素与其他营养物质之间的比例关系。泌乳母猪每千克饲粮矿物质含量为：钙为0.77%、总磷为0.62%、钠为0.21%、氯为0.16%、锌为51.0毫克、铁为80.0毫克。

④维生素需要。泌乳母猪每千克饲粮维生素含量为：维生素A为2050 IU、维生素D_3为205 IU、维生素E为45 IU、胆碱为1.00克、叶酸为1.35毫克。

第二节　饲养标准

一、饲养标准概念

　　饲养标准的制定是日粮配制的前提,为猪的合理饲养提供了科学依据,避免饲养中的盲目性。饲养标准是根据猪的不同性别、日龄、体重、生产目的,以及生产实践中积累的经验,结合能量与物质代谢试验和饲养试验的结果,科学地规定一头猪每天应给予的各种营养物质的定额。

　　饲养标准通常有饲养标准、营养需要量和营养供给量三个名称,饲养标准和营养需要量都是指在正常饲养条件下猪的最低营养需要量,是一个平均值。营养供给量考虑了猪个体和饲料原料以及众多应激原等影响因素,在营养需要量的基础上增加了安全系数,所以一般大于营养需要量的值。

二、猪饲养标准

　　我国NY/T 65—2004《猪饲养标准》对各个不同体重阶段猪的营养需要量做了规定(表2-2至表2-5),供生产实践参考。

表2-2　瘦肉型生长肥育猪每千克饲料养分含量(88%干物质计)

项目	体重/千克				
	3~8	8~20	20~35	35~60	60~90
消化能/兆焦	14.02	13.60	13.39	13.39	13.39
代谢能/兆焦	13.46	13.06	12.86	12.86	12.86
粗蛋白/%	21.0	19.0	17.8	16.4	14.5
赖氨酸/%	1.42	1.16	0.90	0.82	0.70
蛋氨酸+胱氨酸/%	0.81	0.66	0.51	0.48	0.40
苏氨酸/%	0.94	0.75	0.58	0.56	0.48
异亮氨酸/%	0.75	0.64	0.48	0.46	0.39
钙/%	0.88	0.74	0.62	0.55	0.49
磷/%	0.74	0.58	0.53	0.48	0.43
氯/%	0.25	0.15	0.10	0.09	0.08
钠/%	0.25	0.15	0.12	0.10	0.10
铁/毫克	105	105	70	60	50
铜/毫克	6.00	6.00	4.50	4.00	3.50
锌/毫克	110	110	70	60	50
锰/毫克	4.00	4.00	3.00	2.00	2.00
碘/毫克	0.14	0.14	0.14	0.14	0.14

项目	体重 / 千克				
	3～8	8～20	20～35	35～60	60～90
硒 / 毫克	0.30	0.30	0.30	0.25	0.25
维生素 A/IU	2200	1800	1500	1400	1300
维生素 D_3/IU	220	200	170	160	150
维生素 E/IU	16	11	11	11	11
维生素 K/ 毫克	0.50	0.50	0.50	0.50	0.50
烟酸 / 毫克	20.00	15.00	10.00	8.50	7.50
泛酸 / 毫克	12.00	10.00	8.00	7.50	7.00
叶酸 / 毫克	0.30	0.30	0.30	0.30	0.30
生物素 / 毫克	0.08	0.05	0.05	0.05	0.05
维生素 B_{12}/ 微克	20.00	17.50	11.00	8.00	6.00

注：对于后备母猪，饲料原料中提供的钙、总磷的量需要提高 0.05～0.1 个百分点。

表2-3　瘦肉型种公猪每千克饲料养分含量（88%干物质计）

项目	指标
消化能 / 兆焦	12.95
代谢能 / 兆焦	12.45
粗蛋白 /%	13.5
赖氨酸 /%	0.55
蛋氨酸＋胱氨酸 /%	0.38
苏氨酸 /%	0.46
异亮氨酸 /%	0.32
钙 /%	0.70
磷 /%	0.55
氯 /%	0.11
钠 /%	0.14
铁 / 毫克	80
铜 / 毫克	5
锌 / 毫克	75
锰 / 毫克	20
碘 / 毫克	0.15
硒 / 毫克	0.15
维生素 A/IU	4000
维生素 D_3/IU	220
维生素 E/IU	45
维生素 K/ 毫克	0.5
烟酸 / 毫克	10
泛酸 / 毫克	12
叶酸 / 毫克	1.30
生物素 / 毫克	0.20
维生素 B_{12} / 微克	15

表2-4 瘦肉型妊娠母猪每千克饲料养分含量（88%干物质计）

项目	妊娠前期体重/千克			妊娠后期体重/千克		
	120～150	150～180	>180	120～150	150～180	>180
消化能/兆焦	12.75	12.35	12.15	12.75	12.55	12.55
代谢能/兆焦	12.25	11.85	11.65	12.25	12.05	12.05
粗蛋白/%	13.0	12.0	12.0	14.0	13.0	12.0
赖氨酸/%	0.53	0.49	0.46	0.53	0.51	0.48
蛋氨酸＋胱氨酸/%	0.34	0.32	0.31	0.34	0.33	0.32
苏氨酸/%	0.40	0.39	0.37	0.40	0.40	0.38
异亮氨酸/%	0.29	0.28	0.26	0.29	0.29	0.27
钙/%	0.68					
磷/%	0.54					
氯/%	0.11					
钠/%	0.14					
铁/毫克	75.0					
铜/毫克	5.0					
锌/毫克	45.0					
锰/毫克	18.0					
碘/毫克	0.13					
硒/毫克	0.14					
维生素A/IU	3620					
维生素D_3/IU	180					
维生素E/IU	40					
维生素K/毫克	0.50					
烟酸/毫克	9.05					
泛酸/毫克	11					
叶酸/毫克	1.20					
生物素/毫克	0.19					
维生素B_{12}/微克	14					

表2-5 瘦肉型泌乳母猪每千克饲料养分含量（88%干物质计）

项目	分娩体重/千克			
	140～180		180～240	
	泌乳期体重无变化	泌乳期体重变化小于10千克	泌乳期体重变化小于7.5千克	泌乳期体重变化在7.5～15千克
消化能/兆焦	13.80	13.80	13.80	13.80
代谢能/兆焦	13.25	13.25	13.25	13.25
粗蛋白/%	17.5	18.0	18.0	18.5
赖氨酸/%	0.88	0.93	0.91	0.94

续表

项目	分娩体重 / 千克			
	140 ～ 180		180 ～ 240	
	泌乳期体重无变化	泌乳期体重变化小于 10 千克	泌乳期体重变化小于 7.5 千克	泌乳期体重变化在 7.5 ～ 15 千克
蛋氨酸＋胱氨酸 /%	0.42	0.45	0.44	0.45
苏氨酸 /%	0.56	0.59	0.58	0.60
异亮氨酸 /%	0.49	0.52	0.51	0.53
缬氨酸 /%	0.74	0.79	0.77	0.81
钙 /%	0.77			
磷 /%	0.62			
氯 /%	0.16			
钠 /%	0.21			
铁 / 毫克	80.0			
铜 / 毫克	5.0			
锌 / 毫克	51.0			
锰 / 毫克	20.5			
碘 / 毫克	0.14			
硒 / 毫克	0.15			
维生素 A/IU	2050			
维生素 D_3/IU	205			
维生素 E/IU	45			
维生素 K/ 毫克	0.50			
烟酸 / 毫克	10.25			
泛酸 / 毫克	12			
叶酸 / 毫克	1.35			
生物素 / 毫克	0.21			
维生素 B_{12}/微克	15.0			

第三章　猪的饲养管理

在现代规模化、专业化和商品化的集约式养殖生产模式下，猪场需要建立并健全饲养管理过程中的各项规章制度，保证安全、高效生产，以获得较高的经济效益。一方面，猪场需要建立完善的日常管理制度、科学的饲养管理操作规程以及严谨的卫生防疫制度，使猪场工作人员在日常工作中均有据可依，并减少疫病的发生或有效控制疾病的蔓延。另一方面，需做好猪场的生产管理工作，控制猪舍环境以保障猪群健康，促进母猪高产，减少仔猪断奶过程中造成的损失，降低猪群间病原传播的可能性，运用科学的饲养技术提高生产效率。

第一节　规章制度与档案

一、猪场工作日程

猪场生产中，必须合理安排每天的工作程序，把各项工作用工作时间表加以固定，便于遵循。建立猪场工作日程，对于人力分工、安排，设备利用和进行生产都有好处。饲养人员可以按照工作时间表内所记的工作项目有条不紊地进行劳动，提高工作效率。由于每天工作较固定，使猪养成一定的生活规律，让其吃饱、吃好并得到休息，有利于提高猪群生产力。

工作日程的拟定需遵循紧密结合猪的生活特性、工作项目全面而明确、结合实际情况进行调整以及透明公开的原则。日程拟定后，各工作人员应根据日程安排严格执行，以保证工作的顺利完成。由于各个猪场实际情况不同，工作日程的拟定也有所差异。

二、猪群饲养管理的技术操作规程

猪群饲养管理的技术操作规程，其内容要突出重点、简明扼要，在总结先进经验的基础上，结合场内具体条件来拟订，作为生产人员的工作守则。这样不仅可以加强场内生产人员的责任心，督促其做好日常工作，也是检查工作质量的依据之一。

1. 后备猪饲养管理的技术操作规程

（1）后备母猪饲养管理。

母猪一般在6～7月龄，体重90～100千克和P_2背膘（P_2背膘指猪最后一根肋骨距背中线6.5厘米处的背膘厚度，是国际养猪业通用的一个基础数据）厚11～14毫米时启动初情期。营养水平会影响初情期启动时间。研究发现,快速生长的猪比缓慢生长的猪更早地进入初情期,大多研究推荐后备母猪生长速度为600～700克/天,建议开配体重为130～140千克,P_2背膘体况(体贮)达到16～20毫米。若配种前过肥,则母猪繁殖性能较弱,而且因肢蹄疾病遭淘汰的概率很高。所以,培育后备母猪的重要任务之一是合理控制膘情,其总体营养策略为:给后备母猪提供充足的营养以满足其快速生长的需要,从而促使其及早进入初情期;进入初情期后,应适度降低营养,以防止配种前过肥。其饲养方案为:在初情期前(约6月龄前)实施自由采食,初情期后转为自由采食量的80%～90%的适度限饲,并持续到配种前半个月,配种前10～14天催情补饲,以促情、增加排卵数。

从6月龄开始做好发情记录,逐步划分发情区和非发情区,以便于及早对非发情区的后备母猪进行特殊处理。仔细观察初情期,以便在第2～3次发情时及时配种,并做好记录;每周可以根据需要将已经发情但未配种的猪转入生产系统中去,并将发情记录移交给配种舍人员。后备母猪小群饲养,5～8头一栏;引入后备猪群后第一周,在饲料中适当添加抗应激物质,如维生素C、多维、矿物质添加剂等,同时在饲料中适当添加一些保健药物。

(2)后备公猪饲养管理。

种公猪在生长阶段应每天限制饲喂2～3千克的育成料,日增重为600克,即8月龄时体重达到130千克。在调教阶段,根据体况每天限制饲喂2.5～3.5千克的优质饲料,初配月龄须达到8.5月龄,体重达到130千克,每周最多配种1～2次。公猪首次配种时,应使用体形相似、易接受爬跨的母猪来进行。若训练其初次爬跨假台畜,宜每天1次,每次最多20分钟,第一次训练好的公猪应再连续采放2次精液,使公猪记住爬跨采精的程序,然后每周采精1次,进行精液质量化验及稀释。

表3-1　公猪推荐使用频率

公猪年龄	每周最多射精次数
小于8月龄	0
8～10月龄	2
10～12月龄	3
超过12月龄	5～6

注:1. 一般繁重工作之后应休息几天。
　　2. 应在吃料前1小时或在吃料1小时后进行。
　　3. 配种时最好有专门的场地,地面要平坦而略粗糙,以利于配种。
　　4. 公猪每次交配的时间为3～25分钟,在射精过程中有精子含量高的波峰和精子含量低的波谷时段,所以要使公猪射精完全,交配时切不可有任何干扰。
　　5. 每次配种完毕后,应让公猪自由活动10分钟,然后关进圈内,给其温水喝。在夏季配种后,不能让公猪到泥潭、水池里打滚洗澡或人为地浇凉水,否则可能造成生命危险。
　　6. 公猪由于长期不配种,会使精液品质和性欲降低。在非配种季节,公猪可定期(10天左右)人工采精1次。

在配种阶段，为了充分发挥公猪的种用价值，防止使用年限缩短、精液品质降低，应该控制公猪的使用频率（表3-1）。另外，种公猪应单独圈养或栏养在配种区域。如果栏养，应与圈养公猪轮换，以增加公猪的运动量。长时间栏养会损伤公猪的蹄腿，从而影响公猪的配种能力，缩短使用年限。

2. 配种-妊娠母猪饲养管理的技术操作规程

（1）发情鉴定。

断奶母猪发情时期存在个体差异性，根据休情期的不同，断奶母猪发情期分为三类：断奶后0～3天发情的母猪称为前沿发情母猪；断奶后4～6天发情的母猪称为正常发情母猪；断奶后7天以上才发情的母猪称为滞延发情母猪。为了准确把握母猪发情情况，确定输精时机以保证配种效果，要求每天进行2次查情，上、下午各1次，查情采用公猪试情与人工查情相结合的方法。每次查情时，公猪必须到场，引导公猪和母猪口鼻接触；仔细观察母猪的外阴、分泌物、行为及其他方面的表现和变化，母猪发情鉴定情况见表3-2。

表3-2 母猪发情鉴定表

观察项目		发情阶段		
		发情初期	发情期	发情后期
阴户外观	颜色	淡红，粉红	亮红，暗红	灰红，淡红
	肿胀程度	轻微	肿圆，阴门裂开	逐渐萎缩
	表皮	皱褶变浅	无皱褶，光亮	皱褶加深
	黏液	无→湿润	潮湿→黏液流出	黏稠→消失
	温度	温暖	温热	阴户尖端→跟部转凉
阴户手感	弹性	稍有弹性	外弹内硬	逐渐松软
母猪表现	行为	不安，频尿	拱，爬或呆立	无所适从
	食欲	稍减	不定时，定量	逐渐恢复
	精神	兴奋	亢奋→呆滞	逐渐恢复
	眼睛	清亮	清亮→黯淡，流泪	逐渐恢复
	压背	躲避，反抗	接受	不情愿

（2）配种。

为最大化利用栏舍，需要有计划地配种，原则上先配断奶母猪和返情母猪，然后根据配种计划有选择地配后备母猪。选择"全人工授精"的配种方式或"第一次本交，第二次人工授精"的配种方式。发情正常的母猪配2次，发情不正常的母猪、发情时间长的母猪、返情母猪、后备母猪配3次，流产母猪待下个发情期配（表3-3）。

表3-3　母猪适时配种模式

母猪状态	静立反射	第1次配种	第2次配种	输精时间特点
前沿发情母猪	第1天上午	第2天上午	第3天上午	发情高峰期已过
	第1天下午	第2天下午	第3天下午	
正常发情母猪	第1天上午	第1天下午	第2天下午	发情期快过
	第1天下午	第2天上午	第3天上午	
滞延发情母猪、发情后备母猪	第1天上午	第1天上午	第1天下午	稍有发情迹象即初配,若不接受,则强输
	第1天下午	第1天下午	第2天上午	

注：1. 发情后备母猪、激素处理的母猪、空怀母猪、返情母猪、孕检阴性母猪、久不发情的母猪检测到发情应立即配种。

2. 由于部分经产母猪及初产母猪的静立反射存在不明显性,所以应以精神状态、外阴颜色、肿胀度、皱褶、黏液变化来判断发情并确定输精时间,静立反射仅做参考。

3. 个别猪输精后24小时仍出现稳定发情,可多加1次人工授精。

为了充分发挥优良种公猪的繁殖性能,降低种公猪饲养成本,规模化猪场往往采用人工授精的方法配种。配种员通过巡查母猪舍,判定发情进程,根据配种计划,依次选择断奶正常发情母猪、返情母猪、发情后备母猪、非正常发情母猪,选择适当时机进行输精。输精操作包括输精前准备、精液检查、输精员消毒、母猪清洗消毒、输精管选用、输精等步骤。

1）输精前准备。

保持安静、适宜的环境,待配母猪提前转移至输精栏熟悉环境,便于输精操作。发情鉴定后,公、母猪不再见面,直至输精。输精前3～5分钟,将试情公猪（要求性欲好）赶至待配母猪栏前,使母猪在输精时与公猪有口鼻接触,直至输精结束。

2）精液检查。

输精前对同一批精液进行抽检。在37～39℃的温度下,先用10倍目镜和10倍物镜进行整体观察,再将物镜调为40倍进行观察。按照十级评分制,90%的精子呈前进运动状态的精液活力为0.9,80%的精子呈前进运动状态的精液活力为0.8,以此类推。活力不小于0.7的精液才能使用。

3）输精员消毒。

输精员进行人工授精前,应剪除指甲,确保双手清洁,再用0.7%的盐水清洗,然后用干净的毛巾擦干。

4）母猪清洗消毒。

配种前应对待配母猪的外阴进行严格的清洗消毒。先用消毒水（0.1%高锰酸钾溶液）清洁母猪外阴及臀部,再用清水洗去消毒水,抹干外阴。用37℃、0.7%的盐水,按照"由上

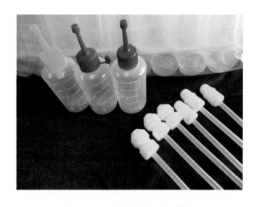

图 3-1 输精管与输精瓶

到下，由内及外"的顺序将母猪外阴清洗干净，冬季应用温水清洗。

5）输精管选用。

经产母猪采用大号输精管（图 3-1，6 个输精管中偏左侧 3 个），后备母猪采用小号输精管（图 3-1，6 个输精管中偏右侧 3 个）。应特别注意，不能弄脏输精管（尤其是前 2/3 部分），输精前在输精管顶端涂上少许润滑剂，并检查海绵头是否松动（不允许直接用手检查）。

6）输精。

①打开母猪阴户。输精员左手手心向上，食指和无名指托起发情母猪外阴户下锥端，再用大拇指和小指向上打开两边外阴唇。

②插入输精管。对于经产母猪，打开母猪阴户，手握输精管后 1/3 处，轻缓地将输精管斜向上按逆时针方向旋进母猪子宫颈第 2～3 个皱褶，感觉有阻力"弹回"时，轻轻向后拉动，确定输精管被锁住。此时，输精管后退 1 厘米即可输精。对于初配母猪，因母猪阴道壁有阻力，故插入输精管的力度要小，按逆时针方向旋转插入，当感到有阻力时，按顺时针方向稍微退出，再将输精管缓缓插入；当再次感觉有阻力"弹回"时，输精管后退 1 厘米即可输精（图 3-2）。

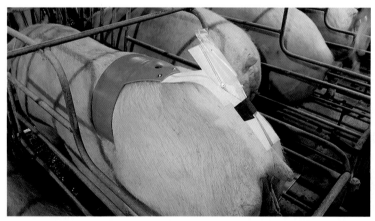

图 3-2 输精

③输精操作的注意事项。插入输精管前，母猪应处于静立反射状态。对于发情不定的母猪，插入输精管时由 2 名熟练输精员配合操作。输精管插入时要避免污染，不要把阴道口的尿液带入子宫颈，在检查输精管是否被卡紧、锁住的同时，若有尿液从输精管流出，要更换输精管，重新插入。

输精员需要做好输精评分记录工作（表 3-4），其目的在于如实记录输精时的具体情况,便于以后在返情失配或产仔少时查找原因,制定相应的对策,在以后的工作中做出改进措施。

表3-4　输精评分表

静立反射	母猪状态	评分	锁紧情况	锁紧状态	评分	精液倒流	倒流状态	评分
	未移动	3		锁得很紧	3		没有倒流	3
	稍有移动	2		轻微锁住	2		少许倒流	2
	不停移动	1		没有锁住	1		严重倒流	1

(3)诱导发情。

母猪乏情是规模化养殖场常见的问题,特别是采用超早期断奶的猪场。母猪乏情可分为生理性乏情和病理性乏情,前者是由于此时卵巢上无卵泡生长、发育和排出,处于静止状态,从而导致母猪乏情;后者是由卵巢机能减退、卵巢囊肿和持久性黄体等病理性原因导致的乏情。针对病理性乏情,需进行治疗,若难以根治,则需及时淘汰。针对生理性乏情,可采取诱导发情的方式,通过环境条件的刺激或促性腺激素、溶黄体激素及某些生理活性物质(如初乳),经内分泌和神经作用,促使卵巢从相对静止的状态转变为机能活跃状态。

①断奶母猪诱导发情。母猪断奶至配种前短期优饲(自由采食)。对断奶后7天仍不发情的母猪,将其移至大栏(或公猪栏),或者由一个大栏换至另外一个大栏,重新混群,改变其生活环境;可以采取强行输精的方法,利用公猪精液中的激素刺激母猪发情;每天与性欲旺盛的成年公猪接触2次以上,每次5~10分钟,辅以工作人员按摩母猪各敏感部位、骑背、压背等刺激、诱导发情。同时采取前述措施并坚持1个发情期,效果较为理想,对发情的母猪,按问题母猪的诱情措施进行处理,但不得随意使用激素催情。

②后备母猪诱导发情。对于超过7月龄还不发情的后备母猪,应该及时处理,可采取适当运动、公猪追逐、发情母猪刺激、调圈、饥饿、车辆运输、输死精处理等措施。对上述方法综合使用后仍不发情的母猪,用激素处理1~2次。

③问题母猪诱导发情。在断奶母猪诱导发情的操作基础上,增加以下管理措施:在饲料中添加比正常量多20%~25%的复合维生素。调整膘情,若膘体过肥(体形评分4分及以上,体形评分见图3-3),则第一周限饲50%,第二周恢复正常水平,循环操作1~2次;若膘体过瘦(体形评分2.5分及以下),则短期(7~10天)优饲,自由采食哺乳料,同时提供青绿饲料或者添加复合多维。调栏、转运(装上车在场内运转2~3圈)或调至大栏重新组合混群,或者三项联用。对问题母猪强行输精,利用公猪精液中的激素刺激发情。另外,还可通过常规管理措施,如控制环境和改善栏舍卫生条件,降低饲养密度,实行小群饲养,减小应激原(特别是热应激)或增加行为性应激原等诱导发情。以上措施综合使用效果更佳。

（4）母猪返情和妊娠检查。

发情期过了而没有怀孕的母猪需等待其重新发情以便配种,此种现象为返情。配种后18～45天的母猪,每天用公猪检查2次返情。如果母猪在3次配种后仍没有妊娠,就应该被淘汰。

每头配种的母猪都要由技术合格的技术员做2次超声波妊娠检测,妊娠28～35天检查1次,妊娠36～48天复检1次。在母猪妊娠检测表上记录母猪妊娠检测结果,"＋"代表配上种,"－"代表没有配上种。

（5）体况评分。

妊娠期母猪应保持合适的体况,避免过肥或者过瘦,妊娠期母猪的体况应该一直维持在3～3.5分,分娩时的体况目标评分为3分。因此,需要参照母猪体况,及时调整投料方案。

①体形评分。在传统养猪业中,母猪体况评定的方法是根据经验目测母猪体况并打分。体形评分按1～5分进行评定,见图3-3。

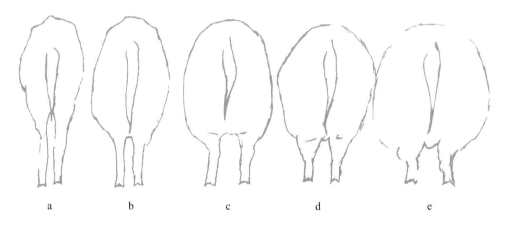

a   b   c   d   e

a. 1分:体形消瘦,臀部及背部骨骼明显外露;b. 2分:体形瘦,臀部及背部骨骼稍微外露;
c. 3分:体形理想,手掌平压臀部及背部可感骨骼;d. 4分:体形肥,手掌平压臀部及
背部未感骨骼;e. 5分:体形太肥,皮下厚覆脂肪。

图3-3　体形评分

②P_2背膘测定评分。通过目测体形评分不能准确地反映猪群总体背膘水平,而且不同的评分员对同一头猪的体况评分存在差异,因此体形评分的方法较为主观。通过对母猪的P_2背膘（图3-4）厚度进行测定,以数字化的方法来对母猪体况进行测定,可以减少不必要的误差。运用P_2背膘测定的方法监测配种-妊娠期的背膘变化情况（表3-5）,适当调整投料量,有助于提高母猪的繁殖性能。

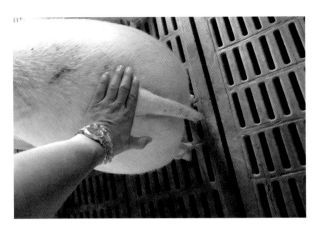

图3-4　母猪背膘位置示意图

表3-5　母猪背膘参照标准值

项目	后备母猪			经产母猪	
测定时间	150日龄	第一次配种	妊娠中期	分娩	断奶
P_2背膘/毫米	12～14	16～20	18	19～21	16.5～17
体重/千克	100	125～135			

（6）母猪投料管理。

断奶后至配种前的母猪自由采食，饲喂空怀料或者哺乳料。

整个怀孕阶段均饲喂怀孕料，投料量根据体形评分情况和P_2背膘测定结果做具体调整（表3-6）。体形评分为2分的母猪，每天增加饲喂量0.5千克；体形评分为1分的母猪，每天增加饲喂量1.0千克；怀孕95天至分娩前的饲喂量根据仔猪的平均出生重调整。装有自动喂料装置的养殖场，妊娠前、中期的母猪，每周调整料杯下料量1次；妊娠后期至分娩的母猪，每3天调整料杯下料量1次。

表3-6　怀孕母猪投料表

阶段	饲喂量及说明
妊娠0～3天	1.8～2.0千克。只添加维持需要的饲料
妊娠4～8天	2.2～2.4千克。调节饲喂量，使母猪体况维持在2.0～3.0分，P_2背膘14～15毫米
妊娠9～38天	2.5～2.7千克。调节饲喂量，使母猪体况维持在3.0～3.5分，P_2背膘16～17毫米
妊娠39～60天	2.8～3.0千克。调节饲喂量，使母猪体况维持在3.0～3.5分，P_2背膘17～18毫米
妊娠61～95天	2.8～3.0千克。P_2背膘19～20毫米
妊娠96～111天	3.0～4.0千克。一胎3.0千克，二胎3.5千克，三胎4.0千克，P_2背膘20～22毫米
妊娠112天至分娩	1.5～1.8千克。P_2背膘22～23毫米

3. 分娩-哺乳阶段母猪饲养管理的技术操作规程

（1）母猪分娩前管理。

母猪分娩前的准备见表3-7，母猪投料管理见表3-8。

表3-7 母猪分娩前的准备

序号	准备项目	内容
1	栏舍清洗消毒	断奶后未用完的饲料转至其他单元使用，清除杂物，将药品、用具等移至舍外，对猪舍进行彻底清洗、消毒。先用清水冲洗，冲洗顺序应从上到下，冲洗后要物见本色。冲洗晾干后，选择恰当的消毒药进行1～3次消毒，每次消毒前确保栏舍干燥，空栏7天以上备用。饮水系统用专用清洁剂浸泡消毒
2	药品	5%碘酊、$KMnO_4$、消毒水、抗菌素、催产素、解热镇痛药、樟脑针和石蜡油等
3	用具	将保温灯、保温板、扫帚、拖把、水盆、水桶等清洗消毒后放入舍内备用，准备好消毒过的干燥麻袋、毛巾、垫板、灯头线、小台秤及称猪筐、油性笔等。还有仔猪称重器、耳号钳、剪齿钳、断尾钳、手术刀、注射器（20毫升、50毫升、100毫升）、针头（9号、12号、16号）、温度计、结扎线、药棉、肥皂、分娩记录表等
4	母猪	临产前7天上产床，上产床前清洗消毒，驱体外寄生虫1次，至分娩舍按预产期先后依次排列，产前用0.1% $KMnO_4$消毒水清洗母猪的外阴、乳房及腿臀部位
5	档案卡	母猪档案卡同母猪一起转移，母猪档案卡卡号与猪号必须一致，无档案片者要补齐后方可进猪，并办理档案卡的交接手续和存档统计
6	栏舍检修	对饮水器、供料系统、电路、电器、通风换气系统、猪栏、门窗等进行彻底检查，发现问题及时解决
7	饲料	技术员与管理人员根据预计的进猪量，预报饲料需要量，原则上备好3天的饲料量，使饲料供应既不断档，又保持新鲜

表3-8 分娩舍母猪投料管理表

猪群类别及阶段	5—9月		1、2、3、12月		4、10、11月		投料次数	备注说明
	经产	初产	经产	初产	经产	初产		
妊娠96～111天	3.0～3.5	2.8～3.0	3.5～4.0	3.0～3.5	3.5～4.0	3.0～3.5	2	怀孕后期攻胎
妊娠112～113天	2.2～2.5	2.0～2.3	2.5～2.8	2.3～2.5	2.4～2.6	2.2～2.4	2	产前适当控料
分娩当天（114天）	2.0	1.8	2.5	2.2	2.2	2.0	2	
分娩后1天	2.0～2.3	2.3～2.5	2.5～2.8	2.8～3.0	2.4～2.6	2.6～2.8	2	产后适当控料
分娩后2天	2.5～2.8	2.8～3.0	3.0～3.3	3.3～3.5	2.9～3.1	3.1～3.3	2	
分娩后3天	3.0～3.3	3.3～3.5	3.5～3.8	3.8～4.0	3.4～3.6	3.6～3.8	3	逐步加料
分娩后4天	3.5～3.8	3.8～4.0	4.0～4.3	4.3～4.5	3.9～4.1	4.1～4.3	3	

续表

猪群类别及阶段	投料量/[千克/(天·头)]						投料次数	备注说明
	5—9月		1、2、3、12月		4、10、11月			
	经产	初产	经产	初产	经产	初产		
分娩后5天	4.5～4.8	4.8～5.0	5.0～5.3	5.3～5.5	4.9～5.1	5.1～5.3	4	
分娩后6天	5.0～5.3	5.3～5.5	5.5～5.8	5.8～6.0	5.4～5.6	5.6～5.8	4	
分娩后7～22天	自由采食		自由采食		自由采食		5	泌乳期加料
断奶前1天	4.0～4.5		5.0～5.5		4.5～5.0		3	断奶前控料

临产母猪对于环境变化非常敏感,必须减少对临产母猪的各种应激。环境温度必须相对稳定、适宜,控制在18～22℃,猪舍内空气新鲜,相对湿度控制在60%～70%。尽量使其侧卧,忌趴卧,避免乳房受到挤压。发现母猪有分娩信号时,在保温箱内(保温板上)及母猪后躯躺下区域垫上干净的麻袋,并根据气温情况调节保温灯。

(2)分娩管理。

母猪分娩管理程序见表3-9。

表3-9 分娩管理程序

序号	事项	具体要求和技术要点	备注
1	分娩前准备	检查设备,检查母猪健康情况,搔挠母猪后背,按揉乳房并与其亲近	
2	查看临产状态	根据分娩信号做好接产准备	
3	接产准备	准备消毒药、接产用具、保温设备、药物等	
4	分娩前消毒	分娩前2小时对母猪全身及产床清洗消毒,干燥后在其后躯躺下区域和保温板(箱)垫上已消毒干净的麻袋或软质垫料	
5	擦干黏液	仔猪出生后马上擦干口鼻、全身的黏液,待其干后再及时吃初乳	
	断脐	将脐带钝性掐断,留5厘米,用细棉线扎好,用络合碘或碘酒消毒	
	称重	吃初乳前称重,做好登记	
	辅助吃奶	保证产后6小时内吃10次初乳	
	产仔登记	按表格记录要求记录每窝的分娩情况,包括接产过程中的相关记录	
6	假死仔猪急救	发现假死仔猪及时抢救,先尽快将口鼻内的黏液清理干净,然后将其前后躯以肺部为轴向内侧并拢、放开反复数次,频率为20次/分钟;或倒提仔猪后肢,按呼吸频率拍胸、拍背数次帮助其恢复呼吸;或打樟脑1毫升;或可进行人工呼吸或温水浸泡(40℃,口鼻朝外)	
7	助产和难产处理	应及时判断母猪难产情况并由专人进行助产处理。助产前先注射氯前列醇钠0.2毫克或氯前列烯醇2毫升(40 IU)。剪平指甲并将周边打磨光滑,用0.1% KMnO₄消毒水消毒,用石蜡油润滑手、臂,然后随着子宫收缩节律慢慢伸入阴道内,手掌心向上,五指并拢;抓仔猪的两后腿或下颌部,母猪子宫扩张时,慢慢将其向外拉出,子宫收缩时停下,动作要轻。拉出仔猪后应帮助仔猪呼吸。产完后要冲洗子宫2～3次,同时肌注抗生素3天,以防子宫炎、阴道炎的发生	

序号	事项	具体要求和技术要点	备注
8	剪牙	剪牙一次完成，断面平整，不损伤牙龈、牙床和舌头，防止仔猪食入碎牙	6～24 小时
	打耳号	按《耳号编制规则》打耳号	
	断尾	留3厘米，做好消毒止血工作	3日龄
	去势	给非种用小公猪去势（附睾、精索全部去除），去势时要彻底，切口不宜太大，去势前后均消毒	3～5 日龄
	喂服抗生素	给初生仔猪喂服抗生素，预防腹泻	
9	固定乳头	弱小仔猪固定前面的乳头，对产仔少的后备母猪必须让部分仔猪固定2个乳头以确保每个乳头都被充分利用	
10	寄养	交叉寄养，病猪不寄养	
11	仔猪补铁	仔猪出生后3日龄注射铁剂1毫升，10日龄再次注射2毫升。注射后用大拇指按压注射部位3～4秒，以免铁剂溢出	
12	仔猪补饲教槽料	仔猪3日龄起诱食，5日龄起强制补料，强制补料每天不少于3次，每次5克，直到仔猪自己学会采食	
13	仔猪保温	一般采取调节保温灯的功率、数量和悬挂高度等措施。以仔猪群居平侧卧但不扎堆为宜	
14	仔猪断奶	仔猪21～28日龄断奶，遵循全进全出的原则，一次性全部断奶后有明显疾病的僵残猪全部一次性淘汰处理，不能寄养	

4. 保育-育成阶段猪饲养管理的技术操作规程

（1）仔猪转群后饲养管理。

仔猪在断奶后转入保育舍，环境和营养方式发生改变，易产生断奶应激。在此阶段，对其饲养管理应尽量做到精细（表3-10，表3-11）。

表3-10　仔猪转群后5周内的管理

序号	管理项目	内容
1	温度	断奶后7天内，房内温度应设为30℃；第8～35天，房间温度从30℃逐渐下调到26℃
2	密度	根据面积和猪源确定每栏收养的头数，保育小猪通常0.3～0.5米^2/头
3	合理分群	根据选育要求，对大小和不同用途的猪分群饲养
4	隔离饲养	将弱仔猪、去势不全猪、疝气猪等标识、隔离饲养在猪舍一头的猪栏内，并进行处理和治疗
5	猪群状况	每次上班后、下班前认真检查猪群状况，包括采食、粪便和精神状况等。记录仔猪疾病、死亡情况，有异常情况立刻汇报
6	再分群	转群5周后体重到19千克时，降低饲养密度，调出一半数量的猪到另一猪舍去。同时对猪群中体重明显偏轻的猪并栏在一起，当体重达19千克时再过渡到仔猪料

表3-11 仔猪转群后5周内的饲料管理

管理项目	内容
饲喂方式	由转入初期每天喂料4次逐步过渡为2次，5天后自由采食
料型变换	仔猪转入2周内喂给仔猪教槽料。2周后饲喂保育乳猪料。70日龄体重达到26～30千克时，逐渐改为小猪料。换料时要有3～5天的过渡期
投料量	断奶后3天每头日投料量50～100克，3～7天日投料量100～250克，7天后自由采食
药物添加	根据不同情况，饲料中要按比例准确添加抗菌剂、保健药物，预防肺炎、下痢等疾病。一般情况下转群后连续加药1周。如为颗粒料，通过饮水加药，防止因应激诱发疾病

（2）育成猪转群后饲养管理。

育成阶段猪的自身免疫力提高，损失率较低，其饲养管理可以相对粗放（表3-12）。

表3-12 育成猪转群后的管理

序号	管理项目	内容
1	选育及分群	根据选育要求（包括体重、公母、品种及用途等）进行合理分群
2	饲料管理	所有猪只60千克以前均饲喂小猪料，60千克以后肥育猪喂大猪料，种猪喂后备料
3	隔离、淘汰	病猪要及时挑出隔离，无治疗价值的猪及时淘汰
4	环境控制	注意温度的变化，控制好换气，保持舍内新鲜空气的补充
5	巡群	每天上、下班和投料时共巡群4次，仔细观察猪群的健康状况，发现异常猪只应及时治疗和保健
6	设备检查	注意检查有无饮水器、料槽损坏的情况
7	选育及转群	50千克左右，经选育后确定外卖种猪，做好记录，转入隔离舍。外卖前加药1周
		经过选育的5月龄以上、体重90千克左右的自留母猪，做好记录，转入后备母猪舍
		落选的作肥育的猪，出栏前1周转到隔离舍饲喂
		转出的猪严禁再返回，从培育舍至隔离舍出猪，只能单向移动
		出栏装运前4小时停止供料，但给予充分的饮水
		出猪、转群时，绝不能有鞭抽、棍打等粗暴行为，防止外伤的产生
		出猪时严禁猪场以外的人员进入猪场
		装猪后，将装猪的设备全部彻底清洗、消毒

5. 种公猪饲养管理的技术操作规程

（1）种公猪饲喂技术要点。

常年均衡配种的公猪，饲料配方中可消化能含量为12.97兆焦/千克，粗蛋白为15%。夏季每天喂2.5～3千克，冬季每天喂3～3.5千克，根据公猪实际情况合理给料。配种繁忙时，每天应补充鸡蛋、鱼粉等动物性饲料，以保证精液品质。有条件者可给种公猪常年补喂青绿多汁饲料，采用湿拌料，调制均匀，每天饲喂3次，保证清洁、充足的饮水，食槽内的剩水、剩料要及时清理。

（2）精液的采集、化验与保存。

1）精液采集。

采精前的准备：精液采集操作之前，要保证采精操作区域卫生状况良好，以免污染精液。根据实际情况，选择适宜采精的公猪进行采集。

采精栏准备：采精前采精栏应干净、卫生，并保证采精时室内空气中没有悬浮的灰尘。检查假母猪是否稳当，认真擦拭假母猪台面及后躯下部，确保橡胶防滑垫放在假母猪后方，以保证公猪爬跨假母猪时，站立舒适。

集精杯安装：将1个塑料袋放入集精杯中，然后将塑料袋外翻。再将滤纸盖在集精杯口上，将1根橡皮筋撑开以便把滤纸固定在集精杯外沿。滤纸安装好后，纸面应下陷3厘米左右。把集精杯放入37℃的恒温箱中预热。采精时拿出集精杯并盖上盖子，然后传递给采精人员。将消毒纸巾盒、PE手套、集精杯放在实验室与采精栏之间的壁橱内，关上壁橱门。

公猪的准备：打开公猪栏门，将公猪赶进采精栏，然后进行公猪体表的清洁，刷掉公猪体表尤其是下腹及侧腹的灰尘和污物；用水将公猪全身冲洗干净，特别是包皮部，并用毛巾擦干包皮部，避免采精时残液滴入或流入精液中而污染精液；经常修剪公猪的阴毛，阴毛不能过长，以免黏附污物，一般以2厘米为宜。

采精操作步骤：

①采精员从壁橱里的手套盒中抽取手套，右手戴2层手套。

②采精员站在假台畜头的一侧，轻轻敲击假母猪以引起公猪的注意，并模仿发情母猪发出"呵——呵——"的声音引导公猪爬跨假台畜。

③当公猪爬跨假母猪时，采精员应辅助公猪保持正确的姿势，避免侧向爬或将阴茎压在假台畜上。

④确定公猪正确爬跨后，采精员迅速用右手按摩挤压公猪包皮囊，将其中的包皮积液挤净，然后用纸巾将包皮口擦干。

⑤锁定龟头：脱去右手的外层手套，右手呈空拳，当龟头从包皮口伸入空拳后，用中指、无名指、小指锁定龟头，并向左前上方拉伸，龟头一端略向左下方。

⑥防止精液被包皮积液污染。

⑦只收集含有精子的精液。当公猪射出乳白色的精液时，左手将集精杯口向上接近右手小指正下方。

采精后续工作：取掉集精杯上的滤纸，盖好集精杯盖；标明公猪耳号；送入化验室橱窗；将采精公猪小心移走；做好公猪采精记录。

2）实验室化验。

外观检查：颜色、气味和采精量等指标可作为外观检查的评定依据。正常的精液为乳白色或浅灰色；正常的精子在运动，外观呈云雾状；精液略带腥味，若出现恶臭或其他异常气味，则为异常；用天平称量，按1克精液的体积约为1毫升计，正常的射精量应为200～500毫升。

精子活力检查：取适量精液原液或1:1稀释液在37～39℃的温度下镜检，活力评分不低于3时才能使用（表3-13）。

表3-13 精子活力评分表

精液活力评价	评分	状态描述
非常好	5	快速直线运动，没有精子粘连在一起
好	4	快速直线运动，少部分精子粘连在一起
一般	3	较慢直线运动，精子粘连在一起
不好	2	精子仅做转圈运动
无用	1	死精
无用	0	没有精子

精子密度检查：精子密度是确定精液稀释倍数的重要参考依据，利用精子密度检测仪或血细胞计数法计数。猪原精子密度应为1亿～3亿个/毫升，如果低于1亿个/毫升，则为不合格。

精液的稀释：精液的稀释倍数是根据精液的体积、精子密度和精子活力等指标进行适当调整的，一般稀释至少为10倍，不超过20倍。稀释时，将稀释液顺着盛放精液的量杯壁慢慢注入精液，并不断用玻璃棒搅拌，以促进混合均匀。此外，还可以先将一部分稀释液慢慢注入精液中，搅拌均匀后，再将稀释后的精液倒入稀释液中，这样有利于提高精子的适应能力，保证稀释精液均匀混合（图3-5）。

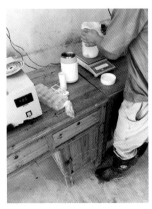

图3-5 精液稀释

精液的分装：将精液分装到输精瓶或集精袋中，操作中应轻、快、稳，做好精液的引流，以免造成物理损伤。同时注意排空输精瓶或集精袋中的空气，以减少精子的氧气消耗，降低精子代谢强度，延长精子存活时间。

3）精液保存。

稀释好的精液保存前需要在室温下用毛巾盖在上面以降温到室温，然后再保存到精液冷藏箱中。保存温度应不低于15℃，不高于20℃，最佳保存温度为17℃。精液稀释分装后应尽可能在72小时内使用完，使用之前需要检查，以避免在采集、稀释和储存中发生差错。

（3）种公猪的防疫保健。

保持舍内干燥、卫生，通风通畅。每天定时用刷子刷拭猪体1～2次，热天结合淋浴冲洗，保持皮肤清洁卫生，可使猪少患皮肤病和寄生虫病，还能增强血液循环，促进新陈代谢，增强体质。每周喷雾消毒2次，做好春秋2次接种。兽医人员要亲自注射，并注意检查疫苗质量，注意更换注射针头。定期消毒猪舍内外环境。1年分2次驱虫，经常观察种公猪的健康状况，若发现疾病，应及早治疗。

三、档案管理制度

1. 养殖档案的建立

畜禽养殖档案不仅是《中华人民共和国动物防疫法》和《中华人民共和国畜牧法》规定的法律责任，更是分析生产成本和生产过程中出现问题的重要资料。做好有关记录并进行分析，以便掌握生产中的经验和成本核算，为提高生产水平和经济效益奠定良好的基础，也使生产过程和产品有追溯性。养殖档案主要分为养殖场建设档案、引种档案、入舍档案、饲料档案和生产档案等。

（1）养殖场建设档案。

养殖场建设档案包括建场时间、用地面积、地面物、建造所需材料、耗资用料、设计图纸、用工、设计人员等，以备扩建参考。

（2）引种档案。

猪场一般采用自繁自养模式，在生产初期或有特定需要的情况下引种，需记录引种时间、日龄、产地、品种、性别、体重、数量、隔离日期、并群日期、责任兽医等。

（3）入舍档案。

围产期母猪进入产房待产时记录入舍时间、品种、胎次、体重、数量等。仔猪转群时记录断奶日龄、转群时间、转群日龄、体重、数量等。

（4）饲料档案。

记录能繁母猪空怀期、妊娠期、哺乳期，仔猪哺乳期、育成期、肥育期等各个阶段的饲料消耗情况。记录种公猪、后备母猪的饲料消耗情况,包括每个时期的饲料标准、饲料来源、购进批次、饲料价格和添加剂种类、添加方法等。

（5）生产档案。

生产档案主要有品种培育记录,种猪系谱卡片,配种记录,产仔、哺乳记录,生产记录,公猪精液(采精、品质鉴定、稀释、保存)记录,转群记录,返情、流产记录,死亡、淘汰记录等。

①品种培育记录。包括后备猪生长发育记录(体长、体高、胸宽、胸深、胸围、腹围、腿臀围、管围、背膘厚、倒数第3~4肋眼肌面积)、肥育测定记录(日增重、料肉比)、屠宰测定记录(体重,胴体重,屠宰率,胴体长,第6~7肋皮厚,第6~7肋膘厚,肩、腰、荐三点膘厚,倒数第3~4肋眼肌面积,肉骨皮脂率,瘦肉率)、肉质测定记录(肉色、大理石纹、剪切力、失水率)。

②种猪系谱卡片。包括出生日期、毛色、乳头数、三代标准系谱、繁殖记录、体形外貌、肥育性能、后裔成绩、生长发育等指标。

③配种记录。包括母猪舍栏、品种、耳号、胎次、上次断奶日期、发情日期,与配公猪品种、耳号,配种日期,配种方式,预产期,配种员,返情,流产等。

④产仔、哺乳记录。包括舍栏,分娩日期,母猪品种、耳号、特征、胎次,与配公猪品种、耳号,配种日期,预产期,妊娠天数,产仔数[总产仔数、活产仔数(健仔、弱仔、畸形)、死胎(鲜活、陈腐)、木乃伊]及仔猪性别,毛色特征,乳头排列,出生重,21日龄窝重,断奶头数,断奶窝重,育成率,断奶转群记录。

⑤生产记录。包括存栏猪只数量、猪群变动情况(出生、调入、调出、死淘)。

⑥公猪采精、品质鉴定、稀释、保存记录。包括日期、耳号、品种、采精量、活力、气味、密度、稀释后活力、稀释比例、保存时间、成品份数等。

⑦转群记录。包括转出栏舍、品种、耳号、转入栏舍。

⑧返情、流产记录。包括日期、品种、耳号。注意勿重复统计同一头母猪的返情、流产情况。

⑨死亡、淘汰记录。包括日期、性别、品种、估计重量、死淘原因、去向、责任饲养员、责任兽医。

⑩防疫档案。包括免疫、保健、诊疗及用药、消毒、无害化处理和疾病监测等。免疫档案记录疫苗名称、免疫对象(品种、耳号、栏位)、生产厂家、生产批号、保质期、免疫方式、剂量、免疫员签字、饲养员签字。保健档案包括保健对象,用药品种、数量、用药方式,药品生产厂家、生产批号、保质期,操作员签字、饲养员签字。诊疗及用药档案包括发病时间、舍号(种猪还应记录耳号)、日龄、体重、发病数量、发病率、发病特征、死亡数量、诊断方法、用药情况、用药过程、用药反应、用药来源、用药量和用药时间、兽医签字、饲养员签字。

⑪消毒档案。记录消毒时间、消毒剂名称、消毒方法、操作者、责任兽医。

⑫无害化处理档案。包括处理时间、舍栏、数量、类别、耳号、处理方法、操作者、责任兽医。

⑬疾病监测档案。记录每季常见传染病（猪瘟、口蹄疫、蓝耳病、伪狂犬病、细小病毒病、乙脑等）的抗体或抗原监测时间、结果、采样来源、监测人。

⑭出场档案。出售至市场或商贩，需记录出售时间、去向、数量、重量、销售员等。

2. 养殖档案的管理及利用

（1）养殖档案的管理。

①保管年限。商品猪为2年，种猪长期保存。

②保管地点。养殖场内应设有专门的档案柜保存养殖档案，并由专人保管。设立档案管理员并兼职统计员，负责档案管理工作。实行纸质养殖档案管理，有条件的同时实行电子养殖档案管理。

③管理制度。养殖场应建立并健全养殖档案材料收集归档制度、档案查阅管理制度、档案保密管理制度、档案复制制度、档案统计制度、档案库房管理制度、档案销毁制度、档案工作岗位责任制等系列管理制度。

（2）档案的查阅利用。

在生产经营中形成的文件、材料及时立卷，长时间才能完成的项目采取阶段性立卷的方法。按业务技术领域、技术人员、生产管理范围等分类存放档案并分类编号，便于查找利用。建立记录档案的收进、移出登记簿，记录借阅、使用人员信息。养殖场养殖档案的利用与查阅范围仅限本场内及畜牧兽医部门。

第二节 猪的生产管理

一、猪舍内环境控制技术

环境是指作用于机体的一切外界因素，包括大气、水域、土壤和群体四个方面。在生猪养殖生产过程中，猪舍环境对猪群健康和生长发育有重要影响，环境适宜则有利于猪发挥生产潜能，而不适宜的环境则会对猪产生有害的刺激，使猪产生应激。掌握猪舍内环境控制技术，对猪舍环境进行有效的控制和改善，使猪舍的环境达到良好的状态，满足猪对环境的需求，提高生产性能。

1. 保温供暖

低温条件下，需要采取保温及供暖措施提高并保持舍内温度。因此，要做好保温防寒设计,合理提供热源,加强防寒管理。

（1）猪舍保温防寒设计。

猪舍的保温性能取决于猪舍样式、尺寸、外围护结构(屋顶、墙、门窗)所用材料的热工性能和厚度等。因此,在设计猪舍时,应根据当地气候条件选择猪舍的型式和尺寸,并考虑所用材料的热工性能,选择合适的外围护结构材料和结构,以保证达到理想的保温效果。总体上遵循以下原则:

①屋顶。屋顶散热多,保温设计上应重点考虑。在寒冷地区,特别是分娩舍和保育舍,应设有天棚,并选用玻璃棉、聚苯乙烯泡沫塑料等保温隔热材料,或在天棚上铺足锯末、炉灰等保温层,保证严密不透气。

②墙壁。墙壁是猪舍的主要外围护结构,失热仅次于屋顶,保温设计上也应给予重视。在寒冷地区,应选择导热系数小的材料,并确定适当的厚度和合理的隔热结构,精心施工。实践中多采用普通砖,如果采用空心砖,热阻值可提高41%,而用加气混凝土块则可提高6倍。

③地面。猪长期在地面上躺卧或活动,所以地面的热工性能对猪有较大影响。实践中多采用混凝土或漏缝地板地面,其温热性能较差,可考虑在猪睡卧处用木板、塑料等保温材料(图3-6)。

图3-6　猪舍地面类型

猪标准化养殖技术手册 >>>>>

（2）猪舍的供暖。

在较温暖地区，对于配种舍、妊娠舍和肥育后期猪舍，由于猪的抗寒力较强，猪自身产生的热量能维持一定的舍温，只要按要求进行合理的保温设计，可不必另外供暖。但寒冷地区的猪舍以及较温暖地区的产仔舍、保育舍则必须供暖。此外，当猪舍保温不好或过于潮湿、空气污浊时，为保持较高的温度和有效的换气，也必须供暖。猪舍的供暖包括集中供暖和局部供暖两种形式。

①集中供暖。集中供暖是由一个集中供暖设备，通过煤、油、煤气等燃烧产热加热水或空气，再通过管道将热介质输送到舍内的散热器，加温猪舍的空气，保持舍内的适宜温度，一般要求分娩舍温度为15～22℃，最佳为18～22℃，保育舍温度为25℃左右。集中供暖通常有热水散热器供暖（暖气）、热水管供暖、热风加热系统供暖和电地暖系统供暖等方式（图3-7）。

图3-7　集中供暖（保育舍地暖系统供暖）

②局部供暖。局部供暖有红外线灯供暖（图3-8）和电热保温板供暖等，主要用于哺乳仔猪的局部供暖，一般要求温度达到28～32℃。

红外线灯供暖：一般为250瓦，吊于保温箱中或仔猪躺卧区，效果比较理想。其缺点是红外线灯寿命较短，容易碰坏或被溅上的水滴击坏。

电热保温板供暖：电热保温板由电热丝和工程塑料外壳等组成，使用时可放在仔猪保温箱内或仔猪躺卧区。电热保温板的使用寿命较长，其缺点是仔猪周围空气环境温度较低。

图3-8 局部供暖（红外线灯供暖）

（3）防寒管理。

合理的饲养管理可起到防寒保温的作用，养殖场可根据实际情况，选择下列措施：

①加大饲养密度。在不影响饲养管理和卫生状况的前提下，适当加大饲养密度可降低猪的临界温度（表3-14）。

表3-14 猪在单养和群养情况下临界温度的比较

体重/千克	数量/头	临界温度/℃
10	1	27
	10	24
40	1	23
	15	18
80	1	21
	15	15
140	1	19
	5	12

②加铺垫草、木板。地面类型对猪的临界温度有较大影响（表3-15），在地面加铺垫草、木板具有隔热、防潮的功能。

表3-15 地面类型对猪临界温度的影响

体重/千克	饲喂量/千克	临界温度/℃			
		稿秆垫料	保温地面	部分漏缝地板	全漏缝地板
20	0.88	15	17	20	22
60	2.16	11	13	16	18
100	2.95	8	10	13	15

③控制气流,防止贼风。气流经过猪体可加快热量的散失,严重时可造成冷应激反应,影响猪的健康。所以,冬季换气时应避免进气口的冷空气直接吹到猪身上,应注意关闭门窗,堵塞漏洞,设置挡风屏障。

④利用太阳辐射。太阳辐射可通过玻璃和透明塑料薄膜将热量传至舍内,提高舍温,故冬季应注意保持玻璃的清洁,增加辐射热量。

2. 防暑降温

高温对猪群的负面影响不可忽视,在南方地区,夏季温度高,必须采取防暑降温措施以保障猪群健康。

(1)猪舍的隔热防暑设计。

隔热是阻止舍外热量传到舍内,使用隔热性能好的建筑材料,选择适当的房屋结构,可以达到较为理想的隔热效果。

①屋顶。屋顶面积大,夏季直接接受强烈的太阳辐射,易将辐射热传到舍内。为了提高屋顶的隔热性能,以防暑为主的地区可采用通风屋顶,即将屋顶建成两层,层间的空气被晒热后变轻,从出气口排出,冷空气由进气口流进,从而减少传至屋顶层的热量。浅色、光亮面的反射能力比深色、粗糙面强得多,故猪舍屋顶和阳面墙采用浅色、光亮的外表面。

②遮阳。为了降低猪只周围环境的温度,可利用一定的设施阻挡太阳辐射。窗户上可加一块水平板以遮挡窗口上方的阳光;对于设有运动场的猪舍或日光温室猪舍,在夏季应设置凉棚或种植藤蔓植物遮阳。

③绿化。绿化除具有净化空气、防风、减少噪声、改善小气候状况以及美化环境等作用外,还具有缓和太阳辐射、降低环境温度的重要作用。

④通风。通风是猪舍防暑降温措施的主要组成部分。在夏季,当舍内气温高于舍外时,通风可以将舍内的热量带出舍外。通风还可以加大舍内气流的速度,气流经过猪体时,可带走散发的热量,促进猪体散热。地形、猪舍朝向、猪场建筑物布局、猪舍内结构、通风口位置等与猪舍通风有密切关系。

地形:地形与气流活动关系密切。与寒冷地区相反,在炎热地区场址一定要选在地势开阔、通风良好的地方,切忌选在背风、窝风的场所。

猪舍朝向:猪舍朝向对通风降温有一定影响。在炎热地区,除考虑减少太阳辐射和防暴风雨外,必须同时考虑夏季主风向。

猪场建筑物布局:猪场建筑物布局和猪舍间距除考虑防疫、采光等外,还应考虑通风。布局应合理,间距不可过小,一般不小于10米。

猪舍内结构:为了有利于通风,猪舍内不宜设隔山墙。各圈间隔墙,尤其是圈舍与通道间的隔墙最好用铁栏代替。

通风口位置:为加大舍内气流速度,保证气流均匀并能通过猪体周围,应合理设计通风口位置。进气口应设在正压区内,排气口设在负压区内,以保证猪舍内有穿堂风。进气口应均匀布置,以保证舍内通风均匀,使各处的猪都能感受到凉爽的气流。

猪舍跨度:猪舍跨度也影响通风效果。跨度小的猪舍通风路线短而直,气流顺畅。若跨度超过10米,通风效果变差,较难形成穿堂风。

(2)蒸发降温。

在高温环境中猪主要依靠蒸发散热,当环境温度等于或高于猪体温时,机体就只能靠蒸发散热来维持体热平衡。同时,环境水分蒸发也可降低环境温度。

①猪体蒸发降温。蒸发降温是用滴水器、喷淋器和气雾器将猪体弄湿,由于水温低于猪的体温,通过传导对流可以加速散热,猪体表水的蒸发吸热也可促进散热。在实际生产中将滴水器安装在塑料管或胶皮管上,经滴水器流出的水像雨滴一样,滴水量为每小时2～3升,通常用于单栏饲养的母猪。气雾器可产生雾状小水滴,每小时出水量20升。喷淋器产生的水滴较雾状水滴大,出水量多,断奶仔猪每小时每头65毫升,生长肥育猪每小时每头300毫升。气雾器和喷淋器一般用于大群饲养的猪。对生长肥育猪建议使用喷淋器,因喷淋器产生的水滴较大,不仅能弄湿被毛,而且可穿过被毛达到皮肤,有利于猪体蒸发散热(图3-9)。而气雾器只能喷湿被毛,不易润湿皮肤,散热效果差,并且还会使舍内空气湿度升高,减少猪体蒸发散热。

②环境蒸发散热。通过地面洒水、屋顶喷淋、舍内喷雾、蒸发垫

图3-9　猪舍降温

（湿帘）等方式，猪舍环境中的水分在高温条件下蒸发吸热，达到降温的目的。

地面洒水：地面洒水是传统的降温办法，有一定效果，但费水、费力，并且易使地面潮湿，导致舍内湿度升高。

屋顶喷淋：屋顶喷淋是利用水的蒸发吸热原理，降低屋面温度，减弱辐射热向舍内传递。该法耗水太多，不如屋顶采用隔热材料，一劳永逸。

舍内喷雾：舍内喷雾是通过喷雾使雾滴在空气中汽化而达到降温的目的，但同时也增加舍内湿度，因而该法仅适用于干热地区。

蒸发垫（湿帘）：在机械通风的进气口处设置不断加水的湿帘，通风时进气口的空气经过湿帘，由于水分的蒸发而使空气温度降低，低温空气进入猪舍从而达到降温的目的（图3-10）。但同时也提高舍内空气湿度，故该法仅适用于干热地区。

图3-10　湿帘降温

3. 通风换气

猪舍通风换气是猪舍环境控制的一个主要手段。其目的主要有两个：一是在高温情况下加大气流速度，使猪感到凉爽，以缓和高温对猪的不良影响；二是在猪舍密闭的情况下引进舍外的新鲜空气，排出舍内的污浊空气，改善猪舍的环境。

（1）冬季猪舍通风换气的原则。

猪舍的通风换气应遵循如下原则：排出舍内的微生物、灰尘以及氨、硫化氢、二氧化碳、挥发性脂肪酸、甲硫醇等有害气体，使舍内空气保持新鲜；排出过多的水汽，使舍内空气的相对湿度保持适宜的状态；维持舍内适宜的气温，避免发生剧烈的变化，防止水汽在天棚等表面凝结；气流应稳定、均匀，防止形成贼风或死角，并避免气流直接吹到猪体；注意猪舍的保温性能，加强猪舍的防寒、防潮及卫生管理。

（2）猪舍通风换气量。

猪舍的通风换气量是指单位时间内进入猪舍的新鲜空气量或排出的污浊空气量。通风量的大小可按舍内产生的水汽量、有毒有害气体量以及热量来计算，但测定与计算比较烦琐，一般均根据通风量控制参数（表3-16）确定通风换气量。有时通过人的嗅觉也可粗略了解猪舍空气的污浊程度（表3-17）以判断换气量的大小。

表3-16 猪舍通风量控制参数

猪只类型		最大风速/（米/秒）		最小换气量/［米³/（小时·千克）］		
		冬季	夏季	冬季	春、秋季	夏季
母猪	空怀期	0.3	1	0.35	0.45	0.65
	妊娠期	0.2	1	0.3	0.45	0.6
	哺乳期	0.15	0.4	0.3	0.45	0.6
仔猪	哺乳期	0.15	0.4	0.3	0.45	0.6
	保育期	0.2	0.6	0.3	0.45	0.6
肥育猪	生长期	0.3	1	0.35	0.5	0.65
	肥育期	0.3	1	0.35	0.5	0.65
种公猪		0.3	1	0.35	0.55	0.7

表3-17 有害气体浓度与臭气强度的关系

单位：毫克/米³

有害气体	嗅觉感受臭气强度					
	0	1	2	3	4	5
	无臭	勉强感到臭	感到微弱臭	感到明显臭	较强臭	强烈臭
氨	< 0.1	0.1	0.6	2	10	40
硫化氢	< 0.0005	0.0005	0.003	0.06	0.8	8
甲硫醇	< 0.0001	0.0001	0.0007	0.004	0.03	0.2
甲硫醚	< 0.0001	0.0001	0.002	0.04	0.8	2
三甲氨	< 0.0001	0.0001	0.001	0.02	0.2	3
苯乙烯	< 0.03	0.03	0.2	0.8	4	2

（3）猪舍自然通风。

猪舍自然通风是指不需要机械设备，而借助自然界的风压或热压产生空气流动，通过猪舍外围护结构的孔隙所形成的空气交换。自然通风又分为无管道自然通风系统和有管道自然通风系统两种形式。前者指不需要专门的通风管道，经开着的门窗所进行的通风换气，适用于温暖地区和寒冷地区的温暖季节。而在寒冷季节的封闭舍中，由于门窗紧闭，需靠专门的通风管道进行换气。

自然通风系统不需专门的设备，不需电力，基建费低，维修费少，简单易行，如能合理设计、安装和管理，可以收到良好的效果。但自然通风系统排出污浊的空气主要靠热压，在不采暖的情况下，舍内余热有限，故只能有效用于冬季舍外气温不低于12℃的地区。在寒冷地区，只在春、秋季有效。在寒冷季节，大部分垂直排气管通风系统对热能的利用不经济。

（4）机械通风。

由于自然通风受许多因素，特别是气候与天气条件的制约，不可能保证封闭舍充分换气。因此，为了创造良好的猪舍环境，保证猪的健康和生产力的充分发挥，在猪舍中应实行机械通风。

①机械通风方式。猪舍机械通风有三种方式，即负压通风、正压通风和联合通风。

a. 负压通风：这种通风系统是用风机抽出舍内污浊空气。由于舍内空气被抽出，空气变得稀薄，压力相对小于舍外，新鲜空气通过进气口流入舍内。该种通风方式简单，投资少，管理费用低，因此猪舍通风常采用负压通风。根据风机安装位置的不同，负压通风又分屋顶排风、侧壁排风和穿堂式排风（图3-11）。

屋顶排风的风机安装在屋顶，抽走污浊空气，新鲜空气由侧墙风自然进入。该种通风方式适用于温暖或较热地区的跨度12米以内的猪舍，而且在停电时能自然通风。

侧壁排风的风机安装在两侧纵墙上，新鲜空气从山墙上的进气口进入，经管道均匀分送到舍内两侧，适用于跨度20米以内的猪舍，特别是两侧有粪沟的双列猪舍，不适用于多风地区。

穿堂式排风的风机安装在一侧纵墙上，新鲜空气从另一侧进入舍内，形成穿堂风，适用于跨度小于10米的猪舍。若采用两山墙对流通风，通风距离不应超过20米，并且要求猪舍密闭性要好，不适用于多风、寒冷地区。

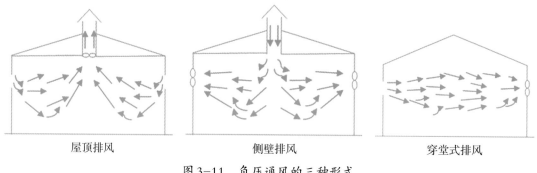

屋顶排风　　　　　　　　侧壁排风　　　　　　　　穿堂式排风

图3-11　负压通风的三种形式

b. 正压通风：指通过风机将舍外新鲜空气强制送入舍内，使舍内压力升高，污浊空气经风口自然排走的换气方式。正压通风的优点在于可对进入的空气进行加热、冷却和过滤等处理，从而有利于保证猪舍内温度适宜、空气清新，适用于炎热地区，但正压通风方式比较复杂，造价高，管理费用高。根据风机安装位置的不同，正压通风可分为侧壁送风和屋顶送风（图3-12）。

侧壁送风又分为两侧壁送风和一侧壁送风，两侧壁送风适用于大跨度猪舍；一侧壁送风为穿堂风形式，适用于炎热地区跨度小于10米的猪舍。

屋顶送风有多种形式，其特点是由屋顶安装的风机送风，由两侧壁风口出气，适用于多风地区。

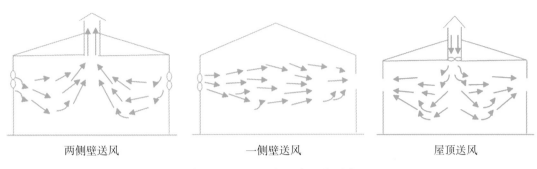

两侧壁送风   一侧壁送风   屋顶送风

图3-12 正压通风的三种形式

基于屋顶送风的通风原理,在纵向跨度较大的猪舍需要分散竖管,以保证猪舍绝大多数区域通风,但是此法风机分散,设备投资大,管理麻烦。因此,衍生出屋脊水平管道送风的形式(图3-13)。

屋顶水平管道送风,通过安装在山墙上的风机先将空气送入水平铺设在屋顶下的透明塑料管中(离天棚约30厘米),再通过塑料管的等距圆孔将空气分送到舍内。这种送风系统只要在进气口附加设备,就可进行空气预热、冷却及过滤处理。猪舍跨度在9米以内时设1条风管,超过9米时设2条。这种通风系统因通风距离长,故需压力较大的风机。对进气口和排气口的面积及位置必须事先进行详细的计算和周密的设计,才能获得较好的通风效果。这种通风系统适用于多风或极冷、极热地区。

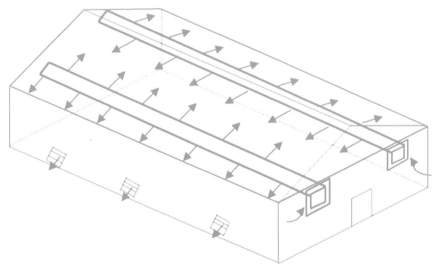

图3-13 屋脊下水平管道送风

c.联合通风:是一种采用机械送风和机械排风相结合的方式。大型封闭舍,尤其是无窗猪舍,单靠机械排风或机械送风往往达不到理想的换气效果,故需采用联合式机械通风。根据风机安装位置的不同,联合通风又分如下两种方式:

一种是送风机安装在猪舍纵墙较低处,将舍外新鲜空气送到猪舍下部;排风机安装在屋顶处,将舍内污浊空气抽走。该种方式有助于通风降温,适用于温暖和较热地区。

另一种是送风机安装在屋顶处,将舍外新鲜空气送到猪舍;排风机安装在猪舍纵墙较低处,将舍内下部污浊空气抽走。该种方式既可避免在寒冷季节冷空气直接吹向猪体,也便于预热、冷却和过滤空气,在寒冷地区和炎热地区都适用。

②机械通风的调节。为了调节风量、风速和气流,保证猪舍适宜环境的建立,可在风机上安装热敏元件,通过感应舍内温度变化而启动或关闭风机;也可采用时间继电器,按规定的时间间距定时启动或关闭风机。另外,可在进气口外侧安装可调节的百叶窗,里侧安装调节气流方向的调节板。

③风机的种类。猪舍通风常用轴流式风机,有时也用离心式风机(图3-14)。

轴流式风机使吸入和排出的空气流向和风机叶片轴的方向平行,主要由电机和装在电机轴上的叶片组成。特点是叶片旋转方向可以逆转,方向改变时气流方向随之改变,通风量不变;通风所形成的压力比离心式风机低,但输送的空气量比离心式风机大许多,因风机压力小,故一般用于短距离和无管道通风。猪舍通风多采用轴流式风机。

离心式风机运转时,空气进入风机与叶片平行,离开风机时与叶片垂直,因而适用于90°转弯的通风管道。离心式风机不能逆转,压力较强,多用于给猪舍送热风和冷风。

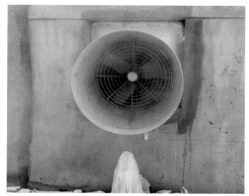

图3-14 风机

4. 光照与照明

光照是影响猪舍环境的重要因素,不仅影响猪的健康与生产力,而且影响管理人员的工作环境。为使舍内得到适宜的光照,通常采用自然采光与人工照明两种方式。开放式或半开放式猪舍的墙壁有很大的开放部分,主要靠自然采光,封闭式有窗猪舍也主要靠自然采光,封闭式无窗猪舍则完全靠人工照明。

(1)自然采光及其影响因素。

自然采光就是利用太阳的直射光或散射光通过猪舍的开放部分或窗户进入舍内以达到照明的目的。自然采光的效果受猪舍方位、舍外情况、窗户大小、入射角与透光角大小、玻璃清洁度、舍内墙面反光率等多种因素影响,应周密考虑。

（2）人工照明。

猪舍人工照明依赖于灯具,灯具数量、类型和安装方式均会影响照明效果。

①灯具数量。以肥育舍为例,肥育舍尺寸为长60米、宽12米,总面积720平方米,吊顶高2.4米,光照强度要求为50勒克斯;利用系数为0.5(利用系数同灯具、安装高度、顶棚、墙体、地面反射比均有关,建议针对猪舍选用0.5,也可根据猪舍具体情况咨询照明工程师);计算公式为

$$灯具总的光通量＝面积×光照强度÷利用系数。$$

根据上述公式计算可得灯具总的光通量为72000流明,1个36瓦普通直管荧光灯(冷白光)的光通量是2200流明,则大致需要33个荧光灯。

②灯具类型。目前猪舍灯具主要选用节能灯或T8型标准直管荧光灯,也可使用LED灯。无论是节能灯、直管荧光灯还是LED灯,都最好配备可靠的三防灯罩(防水、防尘、防腐)(图3-15)。

③安装方式。多采用吸顶方式安装。母猪在限位栏饲养时,为保证照射到母猪眼部的光照强度,也有装在母猪头部上方的方式(图3-16)。

图3-15 三防灯罩

图3-16 灯具安装方式

二、能繁母猪高产配套技术

母猪年生产力水平用每头母猪年提供的断奶仔猪数来衡量,每头母猪年提供的断奶仔猪数越多,成本就越低,经济效益就越高。因此,母猪年生产力水平与猪场的经济效益息息相关。在日常生产中需采取各种综合措施来减少母猪非生产天数,增加年产胎数和使用年

限，提高窝产活仔数，降低断奶前仔猪死亡率、育成期死亡率和肥育期死亡率。

1. 缩短繁殖周期

母猪的繁殖周期分为空怀期、妊娠期和哺乳期三个时期（图3-17）。空怀期是指仔猪断奶后至下次配种前的时间段，为"非工作日"；妊娠期时间最长，平均为114天，约占母猪繁殖周期的75%，哺乳期时长次之，约占母猪繁殖周期的15%，通常把妊娠期和哺乳期称为"工作日"；母猪返情、流产、怀孕期死亡淘汰造成的时间为"损失日"。因此，要缩短母猪的繁殖周期，必须尽量减少母猪的非工作日。

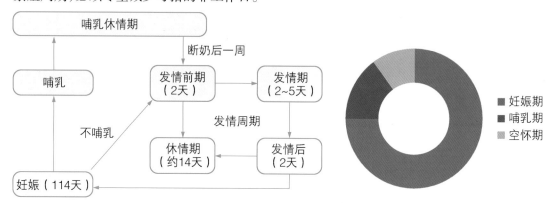

图3-17 母猪的繁殖周期

（1）发情鉴定。

母猪配种在发情期完成，及早准确地鉴别发情母猪，是把握本次发情周期并按时配种的基础。若在本发情期配种失败，则母猪的空怀期将延长1个发情周期，母猪非生产天数增加，繁殖周期延长，不利于提高母猪生产力水平。因此，需要熟悉母猪在发情周期各个阶段的特点表现（图3-18），认真观察发情征兆，做好发情鉴定工作。

图3-18 发情母猪的特征

①发情前期。母猪表现为不安、食欲减退、精神兴奋、眼睛有神，压背时躲避、反抗。阴户呈浅红色或粉红色，轻微肿胀，稍有弹性，表皮皱裂变浅。阴户无黏液，牵扯性差。

②发情期。母猪爬跨其他母猪，呆立、精神呆滞、眼神黯淡，压背时静立接受。阴户呈亮红色或暗红色，阴门肿胀、裂开，外弹内硬，表皮无皱裂，有光泽。黏液流出，牵扯性强。

③发情后期。母猪无所适从,逐渐恢复采食,精神也逐渐恢复,压背时不情愿接受。阴户颜色变淡,呈灰红色,逐渐萎缩、松软,表皮皱痕细密、逐渐变深,黏液逐渐消失。

（2）适时配种。

母猪的适时配种技术包括后备母猪适时初配和经产母猪适时配种两部分。

①后备母猪初配。后备母猪初配的时间与后备母猪初情期的启动时间密切相关。母猪一般在6～7月龄启动初情期(以90～100千克体重和11～14毫米背膘为宜),6周后则是较为适宜的初配日龄(7.5～8.5月龄)。

②经产母猪配种。一般情况下,母猪发情持续时间为2～7天,发情至排卵时间为24～36小时,卵子保持受精能力时间为8～10小时,精子到达输卵管所需时间为1～3小时,精子在输卵管中存活时间为10～20小时。

（3）实行早期断奶。

实行早期断奶可缩短母猪繁殖周期,提高年产窝数。在目前的饲养管理水平和乳猪饲料条件下,断奶日龄适宜在21～35日龄。具体断奶时间可以根据猪场自身的饲养管理水平、饲料营养条件、疫病发生状况、猪群和猪舍的周转等不同情况来确定。

2. 加强饲养管理和营养调控

繁殖母猪的营养水平、妊娠期和哺乳期饲养管理,对仔猪的出生重、断奶窝重、成活率以及母猪的连续生产能力都有很大影响。做好妊娠期和哺乳期母猪的精细化饲养管理,对提高繁殖母猪年生产力尤为重要。

（1）空怀母猪。

对空怀母猪的饲养,应遵循"短期优饲"的原则。母猪经过一个哺乳期后,体内沉积消耗严重,体况过于消瘦的母猪经常出现不发情、不宜配种和返情等情况。对于这种断奶母猪应短期优饲,提高其营养水平,使其快速恢复体况,减少非工作日,尽早进入下一个繁殖期。

（2）妊娠母猪。

母猪的妊娠期一般分为三个阶段:前期(从配种到妊娠30天)、中期(妊娠31～90天)、后期(从妊娠91天到产前3天)。不同阶段其生理变化和营养需求差异较大,需要明确各个阶段的饲养管理目标,进而调控营养水平。

①妊娠前期的饲养管理目标。妊娠前期的饲养管理目标是降低胚胎死亡率。母猪妊娠前30天,是受精卵从受精部位移动并附植在子宫角不同部位并逐渐形成胎盘的时期,很容易受到环境条件的影响。高能量水平的饲料、霉变的饲料、各种机械性刺激、疫病等因素均会影响胚胎生长发育或使胚胎早期死亡。这个时期胚胎发育和母猪体重增加较缓慢,因此不需要额外增加饲喂量,能量水平不宜过高;需要控制舍内温度,高温会提高胚胎死亡率;减少应激、惊吓、打架、过度运动;平衡增加营养元素,如维生素A、维生素E、硒、铁等可

以促进胚胎着床和提高胚胎存活率。

②妊娠中期的饲养管理目标。妊娠中期的饲养管理目标是维持母体生长,调整母猪体况,防便秘。重点加强母猪妊娠60~70天时的饲养管理,妊娠60~70天胎儿发育较快,互相排挤,易造成位于子宫角中间部位的胎儿的营养供应不均,致使胎儿发育不良甚至死亡。粗暴对待母猪、母猪间拥挤等因素,都会影响子宫血液循环,提高胎儿死亡率。

③妊娠后期的饲养管理目标。妊娠后期的饲养管理目标是满足胎儿快速发育的需要,维持母猪体况处于较为理想的水平,使胎猪出生重超过1.0千克;促进乳腺发育,为产后泌乳做好贮备。另外,还需降低胎儿死亡率,为产仔做准备。饲喂攻胎料,提高饲料中的蛋白含量以满足母猪体重迅速增长与胎儿生长发育的需要。妊娠80~111天可喂饲料2.5~3.0千克/天;产前7天减料,喂哺乳母猪料2.0千克/天,产前1天喂饲料(湿料)1千克/天;分娩当天不喂料,但要补充电解质+多维+红糖饮水。怀孕后期母猪需水量大,饮水器流量必须达到3~4升/分钟。

(3)哺乳母猪。

由于哺乳母猪分泌较多乳汁,其营养需要远高于妊娠母猪,因此必须提高哺乳母猪营养摄入量,提供高营养水平的饲粮,采用高能量、高蛋白、不限量饲喂的"高营养水平"饲养法,尽可能提高哺乳母猪的采食量。

(4)断奶母猪。

断奶母猪即将进入下一繁殖周期,该阶段的饲养管理目标主要包括饲喂、诱情和淘汰。通过合理的营养调控保障断奶母猪体况较为理想,尽快发情,必要时诱情,繁殖性能较差的母猪则需及时淘汰。

母猪断奶前应逐步减少饲喂量,断奶前2天减料至2~3千克/天,断奶前1天减料至1千克/天,断奶当天不喂料。断奶后母猪喂料量视母猪回奶情况而定。回奶好的,马上增加饲喂量至3~5千克/天;回奶不好的,喂1千克/天,或不喂料只喂青饲料,回奶情况改善后,马上增加饲喂量至3~5千克/天,促进断奶母猪发情。

3. 建立合理的母猪群胎次结构

要及时淘汰繁殖性能差的母猪,建立合理的母猪群胎次结构。理想的母猪群胎次结构为第1胎占20%,第2胎占18%,第3胎占17%,第4胎占15%,第5胎占14%,第6胎占10%,第7胎及以上占6%。

正常周转的猪场,每年的种猪更新率为30%~40%。因此,应主动淘汰那些胎次过大、生产性能下降、久不发情、患有生殖器官炎症、肢腿不好的母猪。淘汰的母猪一旦确定下来,就应马上淘汰。

4.品种选择与培育

选择高产品种,采用适宜的杂交繁育方式。适宜的杂交繁育方式有利于母猪年生产力的提高,主要是充分利用母本甚至是父本的杂种优势。杂种一代仔猪与纯种仔猪相比,仔猪的死亡率更低、断奶重更高,杂种一代仔猪的断奶窝重一般比两亲本的平均断奶窝重高25%～30%。产仔多的窝仔数优势率一般为5%～10%,杂种一代母猪具有把更多的仔猪哺育到断奶的能力。

三、仔猪早期补饲与断奶技术

1.仔猪早期补饲技术

仔猪出生后体重和营养需要与日俱增,母猪泌乳量虽在产后第20～30天达到高峰,但许多试验表明,自产后第10天左右开始,乳量已不能满足仔猪增长的营养需要;产后第28天左右,乳量能满足仔猪增长营养需要的80%左右。生产实践证明,早补料对促进仔猪胃肠发育、防止腹泻和安全断奶十分有利。根据母猪乳量不能满足仔猪增长需要的开始时间和仔猪的生理特点,仔猪应在出生后10天以内(冬季以7～10天、夏季以5～7天为宜)开食补料。

(1)补充矿物质。

1)补铁。

铁为造血和防止营养性贫血所必需的微量元素。仔猪出生时体内铁的贮存量为50毫克,每日生长约需7毫克,到3周龄开始吃料前共需200毫克,而仔猪每天从母乳中只能获得1毫克。即使给母猪补饲铁,也不能提高乳中铁的含量,故应给初生仔猪补铁。

①钴合剂注射法。仔猪出生后3天,肌肉或皮下注射右旋糖酐铁钴合剂1～2毫升(每毫升含铁50～150毫克,视浓度而定),7天后再注射2毫升即可。

②硫酸亚铁片剂补饲法。每头每天1片(每片0.3克),连喂3～4天,也可每头每天2片,将其捣碎撒在地上投喂。

③铁铜合剂补饲法。将2.5克硫酸亚铁和1克硫酸铜溶于1000毫升水中,装于瓶内,于仔猪出生后第3天起补饲。当仔猪吸乳时,将合剂滴在乳头上,每天1～2次,每头日食10毫升。当仔猪开始吃料后,可将合剂放入饲料中饲喂,1个月龄后浓度可提高1倍。

④矿物质舐剂法。为满足仔猪对多种矿物质和微量元素的需要,在仔猪出生后第3天起可在补饲时放置盛有骨粉、食盐、木炭末、新鲜的红土或草根土、铁铜合剂的小槽,任其自由拱食。此法对早开食也很有帮助。

2)补硒。

有些久治不愈的仔猪疾病,如腹泻、肝坏死、白肌病等,往往与缺乏微量元素硒有关,在缺硒地区表现更为明显。仔猪出生后3天内肌肉注射0.1%亚硒酸钠0.5毫升,断乳时再注射1次。对已吃料的仔猪,按每千克补料添加65～125毫克铁和0.1毫克硒,即可防止铁、硒缺乏症。

（2）训练开食补料。

训练仔猪开食越早越好。仔猪出生后5～7天即训练开食,则60日龄体重平均在25千克以上;若在15日龄开始训练开食,则60日龄体重平均为24千克;若在20日龄训练开食,则60日龄体重平均为23千克;若在30日龄训练开食,则60日龄体重平均仅为20千克。补料仔猪21日龄断奶时胃的容积达680～740毫升,未补料的仅为270～430毫升。训练开食的方法如下:

①设补料栏。若想使仔猪开食、补料成功,最重要的是要有一个固定的、不受母猪干扰的补料场所,其面积不能太小,以全窝仔猪可以同时采食又可灵活躲闪为宜。

②引料。训练仔猪开食的基本方法是根据仔猪的采食习性,投其所好。仔猪喜欢吃甜味、香味、带有乳味的粥料和嫩菜叶、南瓜等青绿多汁料;喜啃盆、碗、槽的边缘及帚把等;喜舔黄土、煤渣等。此外,仔猪的好奇心和模仿能力强。根据这些特点灵活运用,均可收到较好的效果。

（3）增加进食量。

仔猪出生后15～30日龄阶段为旺食前期,其进食量对增重有直接影响。增加进食量的方法如下:

①固定和增加补饲次数。15～20日龄仔猪日补饲4次,即在饲喂母猪的同时饲喂仔猪,将仔猪关入补料栏20分钟左右即可放出。21～30日龄仔猪日补饲6次,在前段的基础上,上午和下午各增加1次。根据仔猪采食量,尽量让其一次吃完饲料。每次放料时,必须用声响训练,以建立采食条件反射。

②保障饲料适口性强,易消化。喂仔猪的饲料要新鲜,适口性强,易消化。

2. 断奶技术

仔猪断奶会面临营养、生理、环境、微生物和免疫应激,常出现不同程度的生长障碍,如被毛粗乱、不吃料、腹泻、消瘦甚至死亡等现象。为了减少断奶过程中产生的损失,要求在断奶操作中把握断奶时机,掌握科学的断奶方法,断奶后实行科学的饲养管理。

（1）断奶时机。

断奶日龄过早,容易引起仔猪消化不良、腹泻、食欲减退和消瘦等应激反应,进而导致抗病能力下降甚至死亡;断奶日龄过晚,母猪后期泌乳量不仅无法满足仔猪快速生长的需要,还会拖瘦母猪,使母猪发情间隔延长,利用率降低。仔猪的断奶时间一般以3～4周龄为宜,同时结合个体生长和健康状况调整断奶时间。

（2）断奶方法。

常见的断奶方法分为一次性全窝断奶、分批断奶和逐渐断奶,目前常用的为一次性全窝断奶。

一次性全窝断奶:体况健康、体形相似、开食早的同窝仔猪,可采用一次性全窝断奶法。其方法是在上午或中午把母猪赶走,这样便于母猪下产床,并观察仔猪的饲喂情况,仔猪留在原产房3～5天后转入保育舍。该方法多适用于大规模养猪场。

分批断奶:对于个体差异较大的同窝仔猪,可以让体况较好的仔猪先断奶,体质较弱的仔猪后断奶,这样不仅能够降低弱小仔猪断奶的应激反应,也缓解了断奶仔猪的饲养管理压力。

逐渐断奶:逐渐断奶是指逐渐减少仔猪的哺乳次数。一般在断奶前1周逐步增加仔猪的饲喂次数和饲料量,同时控制泌乳母猪饮水,减少泌乳量。仔猪少食多餐,以每昼夜饲喂6～8次为宜。在逐渐断奶的过程中,仔猪的食物由乳汁变为干料,因此仔猪很容易感到口渴,需提供充足的饮水。这种方法不仅能使仔猪平安度过断奶期,还能降低泌乳母猪因突然停止喂奶而发生乳腺炎的概率,但工作量较大,不适用于大规模养殖场。

（3）断奶仔猪饲养管理。

舒适的保育舍:保育舍在转入仔猪前需进行严格彻底的清洁消毒工作,选用2种以上的消毒剂交替使用。栏舍空栏时间应在1周以上,以保证灭菌效果。仔猪对低温的适应能力差,保证猪舍清洁后的干燥和温度至关重要。保育舍温度应保持在24～26℃,断奶仔猪转入前1～2天应将温度再提高1～2℃。在寒冷的冬季,为避免猪舍寒冷、潮湿,应及时清理粪便,少用水冲洗地面,室内空气湿度控制在60%～70%,并选用干粉消毒剂进行消毒。仔猪转入前,可使用保温箱提前预热,以减少仔猪应激,保证舒适的生活环境。

减少混群:同窝仔猪断奶后进入保育舍,仍应坚持一起饲养,减少混群。因为仔猪断奶初期情绪不稳,体内母源抗体含量降低,免疫系统尚未发育完全,很容易感染猪链球菌、放线杆菌等。

减少应激:仔猪断奶一般同转群、疫苗接种同时进行,这很容易造成应激反应,降低仔猪的采食量和影响免疫系统的发育,并能打破体内激素的平衡,抑制免疫应答和促进感染的发生。建议在仔猪断奶前后10天的日粮中额外添加维生素、氨基酸及药物,预防并控制重大疾病的发生。同时注意保育猪猪舍的卫生和消毒工作,至少选购2种消毒剂交替使用。在保育阶段,消毒时间要固定,尽量做到每周1次。冬季为防止圈舍潮湿,不要用水冲洗,可选用一些干粉消毒剂对圈舍消毒。

饲料与饮水:断奶后的饲养关键是让仔猪尽快食入饲料,保证生长发育的营养需要。因此,适口性和营养性是需要考虑的重要问题。断奶初期,在饲料中添加脂肪可以大大提高饲料的适口性,这样仔猪认料快、吃得多、增重快、饲料利用率高,断奶后应激反应小,仔猪成活率高。保育料中动物蛋白的比例应为18%～20%,可加入鱼粉、乳清蛋白粉、喷雾干燥猪血浆蛋白等。刚断奶的仔猪对不饱和脂肪的利用率高于饱和脂肪,对植物性油脂的利用率高于动物性油脂,可使用动植物混合油,添加比例为2%。此外,还可以适当添加各种维生素和矿物质饲料添加剂,以及有助于消化、吸收的益生菌。保证充足、清洁的饮水,避免仔猪饮用污水而导致腹泻甚至感染传染病和寄生虫病。

四、多点式饲养技术

多点式饲养技术是指猪场在组织生产时,根据猪场的规模、周围环境、病原体的种类及当地的气候条件等因素,设立相隔一定距离的生产区,在不同生产区内有序地完成整个猪场的生产工艺流程。其优点为:

①净化猪场疾病。在早期断奶、全进全出等技术辅助下,多点式生产可以对大量的猪场疾病进行有效净化。可以除去的病原有猪流行性感冒病毒、猪呼吸和繁殖综合征病毒、传染性胃肠炎病毒、伪狂犬病毒、沙门氏菌、猪细小病毒、猪副嗜血杆菌等。

②提高免疫水平。不同生理阶段的猪只在维持正常免疫水平时的营养需要是不一致的。比如妊娠期母猪因为具有"孕期合成代谢"的生理特点,与哺乳母猪相比,对饲料的营养需求就明显不同。这种差异性的营养需求只能通过分阶段饲养才能满足。

③降低技术压力。多点式生产和分阶段饲养通过切断病原体的传播途径和对不同猪群进行精细化的营养调控,可以在很大程度上破坏传染病传播所必需的两个环节——传播途径和易感猪群,对于降低疫病防控难度有着巨大的作用。

1. 多点式饲养技术的要点

多点式饲养技术要求"多点式生产,分阶段饲养",因此该生产技术的要点在于"点"的规划和"阶段"的划分。

（1）"点"的规划。

在多点式生产中,真正起到隔离作用的是距离与布局,各生产区之间相隔1000米以上,对场地幅度要求高。因此,在多点式生产的组织过程中,"点"的规划是技术要点(图3-19,图3-20)。

①模式1——两点式。在这种模式中,母猪繁殖场作为地点1,仔猪的保育和肥育场作为地点2。在地点1中,母猪的空怀、妊娠、产子、哺乳等工作都在一个场子里。当仔猪经过一定时间的哺乳后进行断奶(通常要辅以早期断奶和药物处理),然后送到另外一个场子进行保育和肥育。在地点2中,猪群采用"一竿子到底"法进行生产,不再有转群、换圈等工作。其优点是实施方法简单、易于操作。缺点是在保育阶段与生长肥育阶段没有进一步的隔离,一些疾病可能在这一阶段传播开来。

②模式2——改良的两点式。改良的两点式是在模式1的基础上,对保育猪和肥育猪

图 3-19　多点式猪场分布模式图

图 3-20　常见母猪场模式

进行场内的两点式分离。地点1仍然作为繁殖猪群的生产区；地点2进行场内两点式规划，仔猪的保育舍在场子内部一点，生长肥育舍在场子另一点，二者相隔较近。改良的两点式生产模式在很大程度上将保育猪与肥育猪隔离开来，但仍然处于同一场子，疾病传播风险仍然较大。

③模式3——三点式。地点1：母猪繁殖场，地点2：仔猪保育场，地点3：生长肥育场。这种模式是比较典型的模式，在国内外得到了较大范围的应用。与模式1和模式2相比，模式3拉开了仔猪保育区与生长肥育区的距离，更能有效地减小疫病防控的压力。

④模式4——改良的三点式。仔猪在保育期间生长发育迅速，对饲料的养分需要量要求变化较大。同时，不同的养猪场、不同的环境条件和不同的猪群规模也对保育期的长短要求不一致。因此，将保育仔猪在同一场区内多点式饲养，成为一种新的多点式生产方式。

⑤模式5——改良的三点式。在一些大型养猪场，在繁殖群生产过程中将"一产母猪"单独饲养，进行繁殖群的多点式生产。

（2）"阶段"的划分。

多点式生产的实现方法是分阶段饲养，在猪的整个生长繁殖周期中，营养需求和饲养管理条件均有差异。因此，合理的阶段划分能有效简化饲养管理过程，有利于为生猪提供不同营养配方的饲料及生长环境，切断各种传染病的传播途径。同时依据不同的市场需求采用不同的饲养方式，能大大提高养猪的综合效益。

生猪养殖过程中，从母猪产仔到肥育猪出栏，常分为哺乳、断奶、保育、肥育四个阶段。

①哺乳阶段。哺乳阶段初生乳猪个体小，身体各方面未完全发育，极易受到外界环境的影响，所以平时要注意保温、防压工作。让仔猪及早吸食初乳，使之获得被动免疫力，初乳中蛋白质含量高，含有轻泻作用的镁盐，可促进胎粪排出。在出生3～4天内必须及时给仔猪补铁、补硒，1周后开始训练乳猪认料、诱食，断奶前要加强补料等工作，这些措施能有效保证乳猪度过初生关、补料关和断奶关。

②断奶阶段。规模化养猪场一般采用17～21日龄的早期断奶来提高生产力，为了防止仔猪早期断奶综合征的出现，应注意以下几个问题：一是注意饲料的全价营养，添加一些与母猪乳汁成分类似的原料，如乳清粉等；二是在饲料中添加一些酸化剂和酶制剂，因为仔猪的消化系统不完善，这些物质可以提高仔猪的消化吸收能力；三是在断奶前夕，首先降低母猪的营养水平，使产奶量逐渐减少，仔猪由原来的随时哺乳到定次哺乳，并逐步减少哺乳的次数，增加仔猪补料次数，使仔猪胃肠道有个适应的过程；四是注意饲养、管理的连续性，减少外界对猪群产生的不良影响。认真做到以上几点，就能保证仔猪的营养来源顺利由流食母乳过渡到固体饲料，为以后的快速生长打下良好的基础。

③保育阶段。保育猪指体重为10～30千克的小猪，它们各方面发育已经比较完善，但是仍然很容易受外界因素影响。这个时期的饲养管理主要是控制猪舍环境及猪群内环境，

减少应激,控制疾病的发生。所以猪舍要保温、通风良好,采用漏缝地板,保证每头猪都能得到充足的饮水和饲料。在发生腹泻时,要尽早在饲料中加入适量抗菌素,并适当控制饲料的采食量。

④肥育阶段。肥育阶段的猪生长发育快,蛋白质的转化率高,代谢强度较大,适应能力强。在整个饲养期要始终保持较高的营养水平,在后期采用限量饲喂或降低日粮能量浓度的方法,可达到增重速度快、饲养期短、肉猪等级高和出栏率高的目的。这个时期还要根据市场上各种饲料原料的价格寻找便宜的替代品来降低饲料成本,按照商品猪所要销售的市场要求来调整饲料配方和饲养方式,以期达到最佳经济效益。

2. 多点式饲养技术的应用

多点式生产模式要求各生产区之间相隔1000米以上,对场地幅度要求高,需要强大的资金支撑,小企业不具备独立完成多点式饲养的能力。因此,需要整合农户资源,采用"紧密型的集团＋仔猪生产基地＋合同制农户"的新型运作模式,充分调动有一定实力的农民的积极性,使农户规避了"自繁自养"方式所要承担的全部风险,也能利用山岭、河流、荒丘等自然条件分散生产区域,达到隔离建场的距离要求。先进的健康养猪模式(合同制分工饲养、标准化自养等)会逐步取代传统的、落后的养猪方式(传统的小而全的自繁自养、无序散养等),规范的规模化养猪出栏贡献率也将由现在的35%左右较快上升至70%左右。

五、全进全出饲养技术

同一生长阶段的猪同时进入同一猪舍饲养,完成本饲养阶段后,又在同一时间迁出并转入下一阶段的猪舍饲养(或出栏上市),这种饲养工艺方式称之为"全进全出饲养"。生猪从出生到出售的整个生产过程中,养殖者通过预先的设计,按照母猪的生理阶段及商品猪群不同的生长时期,将其分为空怀、妊娠、产仔哺乳、保育、生长、肥育等几个阶段,把在同一时间处于同一繁殖阶段或生长发育阶段的猪群,按流水式的生产工艺,将其全部从一种猪舍转至另一种猪舍,各阶段的猪群在相应的猪舍经过该阶段的饲养时间后,按工艺流程统一将其一起转到下一个阶段的猪舍。

"全进全出"饲养工艺强调的是:同一批猪同时转进或转出,中途可以淘汰,但绝对不能交叉,也不能有一头停留;每周转群时间要确定,且原则上不随意更改,定时转栏。"全进全出"是现代化养猪的饲养工艺,也是必须遵循的一个原则,已广泛应用于我国规模化养猪场。

1. 全进全出饲养的猪群和猪舍配置要求

(1)猪群配置。

猪场对猪群配置的要求是应该按照生产规模配置足量的优质种猪。本交时公母比例为1：（20～25），人工授精可达到1∶100。种公猪的配置一般按照人工授精的要求配置，在大型或超大型猪场可以设置生猪人工授精站专门提供精液。在全进全出饲养模式下，要保证在各个生产线上可按照每日配种需要量随时领取精液配种，必要时还应配备1～2头试情公猪给个别疑难母猪配种。

（2）猪舍配置。

猪场需要配备与该工艺流转相适应的足够的圈栏及猪舍，建厂时应按照生产规模和生产工艺确定修建、配备所需要的各类圈栏与猪舍。考虑到隔离对于控制传染源的重要意义，猪舍分区和间距应该合理。猪舍的设计原理主要是通过完善猪舍内外布局和猪舍内部的工艺设计等措施，以满足猪的生物学需要为设计依据，最大限度地切断疾病的可能传播途径，为猪群提供良好的生长和繁育环境，从而将药物和保健品的使用量降到最低。相对于传统猪舍，现代猪舍的设计不但要充分考虑养猪生产和管理的需要，而且要充分挖掘猪只的生长潜能，达到增加生长速度、控制疾病的目的，从而提高经济效益和猪肉品质。

2. 全进全出猪只各阶段操作技术要点

（1）母猪空怀、配种阶段。

为了最大化利用猪舍，使生产节奏不被打乱，在母猪空怀-配种阶段需要按照预先设计的要求，每周均有足够数量的母猪受胎。生产上通常要在保障每个生产单元有足够数量空怀待配母猪的基础上，运用同期发情控制技术和其他饲养管理技术，完成配种计划要求。

1）足量的空怀待配母猪。

母猪空怀-配种阶段是工厂化养猪生产环节的第一个阶段，为了保证每周的配种数量达到每个单元的设计目标，需要在生产中长期保持每个单元均有足量的健康的空怀待配母猪。因此需要做到以下几点：

①健康检查与疾病治疗。要对所有的空怀待配母猪进行健康检查，对子宫炎、肢蹄病、寄生虫病等疫病进行及时治疗或淘汰更替。

②营养调控。对体瘦的母猪加大营养量，让其在短期内恢复体况，尽量在断奶后第一个发情周期内达到配种时理想的体况。

③特殊管理措施。对超过断奶后1周未发情的母猪要仔细查找原因，并采取转栏、并栏、公猪刺激以及药物处理等措施促进发情，保障及早配种。

2）同期发情控制。

采用同期发情控制等先进技术保证实现每周每个设计单元的配种窝数。

①同期断奶法。经产母猪发情同期化最简单、最常用的方法是同期断奶。对于分娩21～35天的哺乳母猪，一般都会在断奶后4～7天发情。对于分娩时间接近的哺乳母猪实施同期断奶，可达到断奶母猪发情同期化的目的。

②同期断奶和促性腺激素相结合。在母猪断奶后24小时内注射促性腺激素,能有效提高同期断奶母猪的同期发情率。使用PMSG(马绒毛膜促性腺激素)诱导母猪发情应在断奶后24小时内进行,初产母猪的剂量是1000单位,经产母猪的剂量是800单位;使用HCG(人绒毛膜促性腺激素)或GnRH(促性腺激素释放激素)及其类似物进行同步排卵处理时,哺乳期为4～5周的母猪应在PMSG注射后56～58小时进行,哺乳期为3～4周的母猪应在PMSG注射后72～78小时进行;输精应在同步排卵处理后24～26小时和42小时进行。

3)提高受胎率。

是否受胎不能在短期内立刻判定,若出现久配不孕的情况,不仅影响同一批次的妊娠母猪无法全体转出,而且影响其他批次转入,打乱全进全出的计划。由此可见,提高受胎率十分必要。若要实现高的发情期受胎率,必须强化饲养待配母猪、做好发情观察与鉴定、掌握好适时配种时间、严格遵守人工授精技术操作规程、采用发情期内2次输精等措施。

由于配种后21天内怀孕的孕早期母猪还在配种舍内,对孕早期母猪的饲养管理要注意:一是对已经配种好的母猪立刻减料;二是要保持环境安静;三是最好将大栏内的母猪转入限位栏。母猪配种21天后转入怀孕舍。

(2)母猪妊娠阶段。

此阶段在管理操作上相对简单。一般采用限位栏饲养,投料上总体实行限量饲喂,要保证饲料的卫生质量,并做好个体体况营养调节。此阶段管理操作的核心是实行阶段饲养:在妊娠中期(22～86天)实行严格限量饲喂,每日每头投料1.8～2.0千克;在妊娠后期(87～107天)实行充足投料,每日每头投料2.5～3.0千克,并提高日粮营养水平。但对初产母猪要适当控制喂量,防止因胎儿太大导致生产时难产。妊娠母猪在临产前1周转入产房。

(3)母猪产仔、哺乳阶段。

产仔和哺乳在产房进行。产房的管理操作主要注意以下环节:

①掌握母猪临产时间,随时准备给母猪接产并做好初生仔猪的常规处理与产仔记录。

②做好产后母猪护理:及时清除胎衣,防治产科疾病。做好产前、产后母猪喂料控制与调节,保证产后母猪尽早恢复食欲,增加投料量,确保奶水充足。

③做好初生仔猪护理:保温、防压、防冻是关键环节。仔猪早开食,做好哺乳仔猪补饲是养好仔猪的关键。

提高哺乳仔猪成活率和断奶重是此阶段的最终目的和任务。哺乳期一般为3～4周,断奶后母猪要转入配种舍,断奶仔猪需原圈留养3～7天后再转入保育舍。留栏仔猪应做防应激处理:重新保温,控制喂料量,在饮水中加入抗应激药,防止腹泻。

(4)仔猪保育阶段。

仔猪断奶原圈留养3～7天后转入保育舍。转栏时需对仔猪称重、调群。调群原则上两窝合并,再个别调整。断奶仔猪采用小单元圈栏饲养。仔猪保育阶段重点要做好以下工作：做好舍内环境调控，创造适宜的环境条件；做好饲料的过渡；做好断奶腹泻的防治；按照免疫程序做好疫苗注射。仔猪保育期一般为5～7周，结束后原则上原圈转入生长舍，只做个别猪只调整。

（5）生长猪阶段。

生长猪的代谢机能旺盛，采食量大增，此阶段需保证优质饲料充足供应，让其自由采食，多吃快长。调节好猪舍温度、湿度等内环境，确保生长猪健康快速生长。生长猪达到18周龄、体重达到50～60千克时从原圈转入肥育舍。

（6）肥育猪阶段。

肥育猪阶段的管理主要是做好投料饲喂，让其自由采食，体重达100千克后可适当限量投料。定时除粪、清洗，保持圈舍清洁卫生。重点做好防暑降温等环境控制工作。待体重达120千克左右时出栏。为了保障商品猪产品质量安全，对肥育猪不使用任何违禁添加剂和药物，对个别生病猪进行离栏治疗，可延期出栏。

3. 全进全出制度的优点

（1）减少疫病传播机会。

猪群在每个饲养阶段结束移出后所空置的栏舍，经彻底清洗、消毒后才可以饲养下一批猪群，可将栏舍里的病原体（如病毒、细菌和寄生虫等）杀灭或减少至最低限度，有利于减少疾病的传播和感染。

（2）可有计划地组织生产。

可以有计划地组织全年均衡生产，最大限度地利用栏舍设备。生产者根据猪场的设计，每周安排一定数量的母猪配种。此后各个饲养环节紧密衔接，不仅可以使栏舍满负荷生产，最大限度地利用栏舍和设备，还可以保证全年有计划地均衡生产。

（3）有利于控制猪舍内小环境气候。

各个生长阶段猪只对环境的要求各不相同，将它们分别集中饲养在不同猪舍里，可以通过对不同猪舍的环境进行控制，最大限度地满足不同生长阶段猪对环境的要求，提高生产水平。

（4）有利于进行科学管理。

每个饲养员仅负责某一阶段的饲养管理工作，分工更专业化，工作范围更集中，可按技术要求做得更细致，有利于进行科学管理，提高饲养管理水平。

第四章　猪的疾病防控

我国中小型养殖场、养殖户遍及城郊与乡村，规模小、密度大，缺乏疫病防控意识。农村散养户人畜混居，猪禽混养，管理方式落后，防疫难度大。近年来受市场经济的引导，生猪生产迅猛发展，规模化和集约化程度越来越高，猪病种类尤其是传染性疾病不断增多，已成为制约我国养猪业健康发展的重要因素。因此，对于疫病应坚持"预防为主，防治结合，防重于治"的原则。

第一节　消毒

良好的消毒措施和环境卫生能够有效控制病原微生物的传入和传播，从而能显著降低猪只生长环境中病原微生物的数量，为猪群健康提供良好的环境保障。

一、猪场大门消毒

猪场应有1个外来车辆出入的大门，并设置车辆消毒池（图4-1）。车辆入口消毒池长至少为轮胎周长的1.5倍，池宽与猪场入口相同，池内药液高度不低于15厘米，消毒池内放置2%氢氧化钠溶液，每周更换2次，并配置消毒器械，对进场车辆喷雾消毒（消毒剂可选用1:300复合醛溶液或2%氢氧化钠溶液），喷湿后停留30分钟方可入场。

猪场门口应设置人员通道消毒室（图4-1），尽量避免外来人员进入场区。人员出入场区时有专门的通道，凡人员进场，必须先要进入专门的消毒通道进行雾化消毒3分钟；地面铺上消毒垫或设立消毒池，用于人员的鞋底消毒（消毒池内置2%氢氧化钠溶液，消毒液深度大于3厘米，消毒液3~4天更换1次，消毒时间至少为15秒）；洗手池用于人员的手部消毒；随身携带的行李等物品也要进行紫外线消毒。雾化消毒可选用1:1000复合醛溶液（10%戊二醛＋10%苯扎溴铵），鞋底消毒可用2%~4%氢氧化钠溶液，手部消毒可用0.1%新洁尔灭溶液。

当然，大部分猪场除了采取上述预防措施外，还实行更加积极的"3天法则"，规定所有来访者至少在生活区待3天才能与猪接触。

猪场大门消毒池

猪场人员通道消毒室
图4-1 猪场大门消毒

二、场区消毒

猪舍的外部安全很重要,能防止鸟、鼠和蚊蝇进入等。每栋猪舍都应留有1米宽的人行道,道上应没有杂草等,不给其他动物提供生存的环境,定期消毒、灭鼠、灭虫、除草(图4-2)。

工作人员进入生产区前,必须在消毒间经紫外线消毒5分钟,并更换衣帽(图4-3)。有条件的猪场可先淋浴,更衣后进入生产区。在淋浴间的另一侧准备好进入净区的工作服和靴子。

图4-2 猪舍与猪舍外部人行道

图4-3 紫外线消毒（左）和更衣室（右）

三、猪舍及猪体消毒

猪场实行"全进全出"制度，每栋猪舍的猪全部移出后，在引进新猪之前必须按下列程序进行全面、彻底的消毒（图4-4），确保新猪群免受可能存在于原猪舍的病原体感染。

第一步，先将猪舍及舍内饲养设备等彻底打扫干净，再用水浸润，然后用高压水枪反复冲洗。

第二步，干燥后用2%氢氧化钠溶液洗涮消毒，不宜使用氢氧化钠溶液消毒的金属物品可用0.1%新洁尔灭溶液清洗消毒。

第三步，第二天用火焰消毒器对舍内除了天棚、门窗等不宜用火以外的地方进行消毒，然后用高压水枪冲洗1次。

第四步，干燥后用百菌消30或卫康等高效消毒液喷雾消毒1次。

高压水枪消毒   熏蒸消毒

图4-4 猪舍消毒

第五步,用甲醛熏蒸消毒。每立方米空间用40%甲醛溶液25毫升、高锰酸钾25克、水12.5毫升,计算好用量后先将水和甲醛溶液混合于容器中,然后将事先用纸包好的高锰酸钾放入容器内。室内温度应保持在22～27℃,关闭门窗24小时,然后开门窗通风,空舍1周后再进新猪。

猪在圈内时,清洗后用过氧乙酸、强力消毒灵溶液、百毒杀溶液或消毒威药液对猪圈、地面、墙面、门窗以及猪体表喷雾,每周2次;产房要严格消毒,母猪进入产房前进行体表清洗和消毒,再用0.1%新洁尔灭溶液消毒全身,另外用0.1%高锰酸钾溶液对外阴和乳房进行清洗消毒;若猪只体表出现伤口,用1:200碘酸直接涂抹2次以上进行灭菌,每次间隔2小时。

定期对猪舍进行消毒。消毒应在打扫后进行,每周2次,不同消毒剂应在一定时期内轮换使用(图4-5)。

图4-5 消毒车(左)与消毒剂(右)

常用的消毒剂种类有卤素类(I型速效碘在用于猪舍消毒时可配制300～400倍稀释液,用于饲槽消毒时可配制350～500倍稀释液)、强碱类(一般用于空舍消毒,2%～3%氢氧化钠溶液主要用于空舍、场区、外环境的消毒,10%～20%石灰乳既能消毒,又能防潮,适用于产房、仔猪舍,也可撒在场区周围形成一条隔离带)、醛类(作为气体消毒,用于猪舍和料库的消毒,方法是1立方米容积用20毫升福尔马林,加等量水后加热使其挥发成气体进行消毒;作为熏蒸消毒,1立方米容积用14毫升福尔马林加7克高锰酸钾,熏蒸消毒8～10小时或24小时)、季铵盐类[只对细菌有效,对病毒几乎无效。使用浓度一般为1:(1000～2000),主要适用于新建猪场,因为新猪场的病原微生物的数量和种类较少]、过氧化物类(如过氧乙酸,分为A、B两瓶装,使用时先将A、B瓶中溶液混合24～48小时后使用,有效浓度为18%左右,喷雾消毒的浓度为0.2%～0.5%,现配现用)。

四、垫料和粪便消毒

清除的垫料和粪便应集中堆放,如无可疑传染病时,可用生物自热消毒法,即表面用泥土封好,使粪便自然发酵(图4-6),温度上升至60℃以上,沤熟1～3个月后,粪便中一般的病原微生物和寄生虫卵均被杀死。如确认存在某种传染病时,应将全部垫料和粪便深埋或焚烧。对病猪粪便可用漂白粉,按5∶1比例(即每千克粪便加入漂白粉200克)搅拌进行消毒。

图4-6　粪便自然发酵

五、死猪消毒处理

死猪处理最好焚烧或者深埋。深埋时穴深1米以上,尸体用3%氢氧化钠溶液浸泡,掩埋时厚撒生石灰。相关器材使用后,用次氯酸钠溶液浸泡12小时以上。

六、猪场消毒规程

①消毒剂使用前先打扫卫生,尽可能打扫、冲洗干净,肉眼看不到的部分再用消毒剂彻底消毒。

②消毒剂使用前应充分了解其特性,制定消毒计划,结合季节、天气,充分考虑使用对象和场合。尽量选择使用低毒、无残留的消毒剂。

③消毒剂应结合猪场常见疫病流行情况,选择不同的种类定期轮换使用。

④消毒剂应现配现用,消毒剂混合使用时应注意配伍禁忌,以免降低消毒效果。

第二节　免疫

有计划、有组织地进行免疫接种是预防和控制疾病的一项重要措施,免疫接种要根据猪群存在的疫病及本地区疫病流行情况,科学、合理地制定免疫程序,有条件的可以先对猪群做抗体监测,再有针对性地选择疫苗。要求专人负责疫苗免疫工作,并做好免疫记录,保证免疫效果切实可靠。同时,要根据免疫抗体的消长情况调整免疫程序。

免疫病种主要包括口蹄疫、猪瘟、高致病性猪蓝耳病、猪伪狂犬病、猪流行性乙型脑炎、猪细小病毒病、猪传染性胃肠炎、猪流行性腹泻、猪肺疫、猪丹毒、猪链球菌病、猪大肠杆菌病、仔猪副伤寒、猪喘气病、猪传染性萎缩性鼻炎和猪传染性胸膜肺炎等。

一、免疫程序

猪群各免疫程序见表4-1至表4-3。

表4-1 推荐的商品猪免疫程序

免疫时间	使用疫苗	说明
乳前	猪瘟弱毒疫苗	在母猪带毒严重、垂直感染引发哺乳仔猪猪瘟的猪场实施
7日龄	猪气喘病活疫苗或灭活疫苗	根据本地疫病流行情况可选择进行免疫
20日龄	猪瘟弱毒疫苗	
21日龄	猪气喘病活疫苗或灭活疫苗	根据本地疫病流行情况可选择进行免疫
23～25日龄	高致病性猪蓝耳病疫苗	若呈阳性，建议猪场使用弱毒疫苗
	猪传染性胸膜肺炎灭活疫苗	根据本地疫病流行情况可选择进行免疫
	链球菌Ⅱ型灭活疫苗	
28～35日龄	口蹄疫灭活疫苗	根据本地疫病流行情况可选择进行免疫
	猪丹毒疫苗、猪肺疫疫苗或猪丹毒-猪肺疫二联苗	
	仔猪副伤寒弱毒疫苗	
	传染性萎缩性鼻炎灭活疫苗	
55日龄	猪伪狂犬基因缺失弱毒疫苗	根据本地疫病流行情况可选择进行免疫
	传染性萎缩性鼻炎灭活疫苗	
60日龄	口蹄疫灭活疫苗	
	猪瘟弱毒疫苗	
70日龄	猪丹毒疫苗、猪肺疫疫苗或猪丹毒-猪肺疫二联苗	根据本地疫病流行情况可选择进行免疫

表4-2 推荐的种母猪免疫程序

免疫时间	使用疫苗	说明
每隔4～6个月	口蹄疫灭活疫苗	
初产母猪配种前	猪瘟弱毒疫苗	
	高致病性猪蓝耳病疫苗	
	猪细小病毒灭活疫苗	
	猪伪狂犬基因缺失弱毒疫苗	
经产母猪每隔4～6个月	猪瘟弱毒疫苗	
	高致病性猪蓝耳病疫苗	若呈阳性，建议猪场使用弱毒疫苗
产前4～6周	猪伪狂犬基因缺失弱毒疫苗	
	大肠杆菌双价基因工程苗	根据本地疫病流行情况可选择进行免疫
	猪传染胃肠炎、流行性腹泻二联苗	

注：1. 种猪70日龄前免疫程序同商品猪。
    2. 乙型脑炎流行或受威胁地区，每年3—5月（蚊虫出现前1～2个月），使用乙型脑炎疫苗，间隔1个月免疫2次。

表4-3　推荐的种公猪免疫程序

免疫时间	使用疫苗
每隔4～6个月	口蹄疫灭活疫苗
	猪瘟弱毒疫苗
	高致病性猪蓝耳病疫苗
	猪伪狂犬基因缺失弱毒疫苗

注：1. 种猪70日龄前免疫程序同商品猪。

2. 乙型脑炎流行或受威胁地区，每年3—5月（蚊虫出现前1～2个月），使用乙型脑炎疫苗，间隔1个月免疫2次。

3. 若高致病性猪蓝耳病呈阳性，建议猪场使用弱毒疫苗。

二、免疫技术要求

①必须使用经国家批准生产或已注册的疫苗，并做好疫苗管理，按照疫苗保存条件进行贮存和运输。

②免疫接种时应按照疫苗产品说明书要求规范操作，并对废弃物进行无害化处理。

③免疫过程中要做好各项消毒，同时要做到"一猪一针头"，防止交叉感染。

④经免疫监测，免疫抗体合格率达不到规定要求时，应尽快实施1次加强免疫。

⑤当发生动物疫情时，应对受威胁的猪进行紧急免疫。

⑥建立完整的免疫档案。

第三节　其他防控技术

规模化养猪生产中疫病种类多，疫情复杂程度不断加剧，继发感染、混合感染严重，存在免疫抑制性疾病，只靠药物治疗和疫苗预防已不能解决问题。因此推行健康养殖，建立完善的生物安全体系，已成为有效控制疾病的基础。

一、猪场选址条件

健康养猪要求猪场建在地势高燥、背风、向阳、便于排水的僻静地区，能够有效防止疫病的传入和发生，原则上应当符合下列防疫条件：

①距离生活饮用水源地、动物屠宰加工场所、动物和动物产品集贸市场500米以上；距离种畜禽场1000米以上；距离动物诊疗场所200米以上；动物饲养场（养殖小区）之间距离不少于500米。

②距离动物隔离场所、无害化处理场所3000米以上。

③距离城镇居民区、文化教育科研等人口集中区域及公路、铁路等主要交通干线500米以上。

如果是种猪场选址,则应当符合下列条件:

①距离生活饮用水源地、动物饲养场、养殖小区和城镇居民区、文化教育科研等人口集中区域及公路、铁路等主要交通干线1000米以上。

②距离动物隔离场所、无害化处理场所、动物屠宰加工场所、动物和动物产品集贸市场、动物诊疗场所3000米以上。

在进行猪场分区规划时,首先应从人、猪保健的角度出发,以建立最佳生产和卫生防疫条件。

根据猪场的具体条件和分区规划的卫生要求而合理选定场址。各区应自成体系并设置防疫屏障,以保安全(图4-7,图4-8)。除考虑地势和风向外,应保持一定的安全间距。

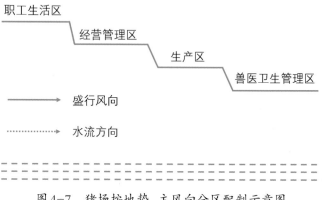

图4-7　猪场按地势、主风向分区配制示意图

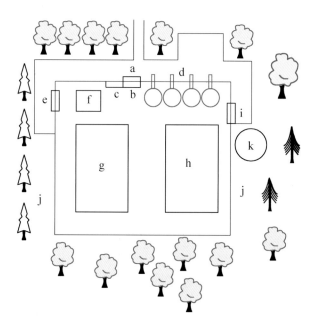

a. 对外办公室;b. 人进入淋浴间的入口;c. 对内办公室;d. 饲料进入螺旋输送机的入口;
e. 猪只进出口;f. 适应间(隔离检疫间在右边);g. 繁殖场;h. 生长猪场;i. 肥育猪出口;
j. 围栏边界线;k. 污水(废水)处理间。

图4-8　从繁殖到肥育猪生物安全设施平面图

二、防疫设施条件

一般商品猪养殖场应该满足的防疫设施、设备条件如下：

①在距离猪场100米以上处设置专门的运猪车辆洗消站点。

②猪场大门入口处应设置与门同宽、长4米、深0.3米以上的车辆消毒池。

③场区周围建有围墙，配备针对害虫和啮齿动物等的生物防护设施，场内不得饲养禽、犬、猫等其他动物。

④生产区与生活办公区分开，并有隔离设施。

⑤生产区入口处设置更衣消毒室，各养殖舍出入口设置消毒池或者消毒垫。

⑥猪场生产区内分设清洁道与污染道。

⑦生产区内各养殖栋舍之间距离在5米以上或者有隔离设施。

⑧猪场内工作人员、猪和物资运转应采取单一流向。养猪场食堂不外购生鲜肉品及副产品。

如果是种猪场，则还应当符合下列防疫设施、设备条件：

①有必要的防鼠、防鸟、防虫设施或者措施。

②有国家规定的动物疫病的净化制度。

③根据需要，种猪场还应当设置单独的动物精液、卵、胚胎采集等区域。

三、猪舍环境

虽然猪对环境有一定的适应能力，但不良的环境所造成的应激会给养猪生产带来不利影响，因此生产中为猪创造适宜的环境是很有必要的。在舍饲饲养条件下，舍内热环境对猪的健康和生产影响最大。猪对温度的要求随生理时期、性别、年龄等不同而不同，"大猪怕热，小猪怕冷"。此外，光环境、饲养工艺、日常管理以及猪的群居环境和生活空间对猪的健康和生产也有影响。由于各种环境因素是经常变化的，且各因素对猪的影响往往不是单一的，因此，在满足猪对环境的需求时，应加以综合考虑。表4-4对温度、湿度、通风、采光、空气质量以及生活空间等方面的猪舍环境参数要求进行了归纳。

表4-4　猪舍环境参数要求

环境参数		猪种类（猪舍种类）								
		空怀、妊娠前期母猪	种公猪	妊娠母猪	哺乳母猪	哺乳仔猪	断奶仔猪	后备猪	育成猪	肥育猪
温度/℃		14~16	14~16	16~20	16~18	30~32	20~24	15~18	14~20	12~18
湿度/%		60~85	60~85	60~80	60~80	60~80	60~80	60~80	60~85	60~85
换气量/[米³/(小时·千克)]	冬季	0.35	0.45	0.35	0.35	0.35	0.35	0.45	0.35	0.35
	春、秋季	0.45	0.60	0.45	0.45	0.45	0.45	0.55	0.45	0.45
	夏季	0.60	0.70	0.60	0.60	0.60	0.60	0.65	0.60	0.60
风速/(米/秒)	冬季	0.30	0.20	0.20	0.15	0.15	0.20	0.30	0.20	0.20
	春、秋季	0.30	0.20	0.20	0.15	0.15	0.20	0.30	0.20	0.30
	夏季	≤1.00	≤1.00	≤1.00	≤1.00	≤1.00	≤1.00	≤1.00	≤1.00	≤1.00
采光系数（窗地比）		1/12~1/10	1/12~1/10	1/12~1/10	1/12~1/10	1/12~1/10	1/10	1/10	1/20~1/15	1/20~1/15
光照强度/勒克斯		75（30）	75（30）	75（30）	75（30）	75（30）	75（30）	75（30）	50（20）	50（20）
噪声/分贝		≤70	≤70	≤70	≤70	≤70	≤70	≤70	≤70	≤70
细菌总数/(万个/米³)		10	6	6	5	5	5	5	8	8
有害气体浓度/(毫克/米³)	CO_2	4000	4000	4000	4000	4000	4000	4000	4000	4000
	NH_3	20	20	20	15	15	20	20	20	20
	H_2S	10	10	10	10	10	10	10	10	10
栏圈面积/(米²/头)		2.0~2.5	6.0~9.0	2.5~3.0	4.0~4.5	0.6~0.9	0.3~0.4	0.8~1.0	0.8~1.0	0.8~1.0

注：1. 哺乳仔猪的温度：第1周为30~32℃，第2周为26~30℃，第3周为24~26℃，第4周为22~24℃。除哺乳仔猪外，其他猪舍夏季温度不应超过25℃。

2. 人工照明的光照度：括号外数值为荧光灯，括号内为白炽灯。

四、水质和饲料

除满足需水要求和水质卫生要求外,饮用水的温度对猪的健康也有很大影响,特别是对于仔猪,由于其胃肠功能发育还不完善,饮用冷水很容易引起冷应激反应。研究表明,冬、春寒冷季节,为提高断奶仔猪的日增重,降低腹泻率,饮用水温度保持在26℃对猪最为合适。即使是大猪,或者在温度较高的其他季节,适宜的饮水温度对猪的健康和生产性能也都是有益的。

饲料品质是维持猪群健康和正常生产的重要因素之一。许多养殖户不重视营养,追求低价位饲料或原料,导致饲料质量差、营养成分缺乏或含量不足,甚至使用由携带致病病毒或细菌的屠宰场和肉品加工厂的下脚料制成的肉骨粉、血粉和动物脂肪,均可导致猪的抗病能力降低。另外,饲料或原料中的霉菌毒素对降低动物免疫功能的严重性还未被更多的人所认识,在生产场各种类型的饲料由于混合前其原料生产、收割、贮存不当或者混合后贮存不当而被真菌污染(图4-9)。常见的毒素有曲霉菌产生的黄曲霉毒素和赭曲霉毒素,镰刀霉菌产生的玉米赤霉烯酮、T_2毒素和呕吐毒素等。

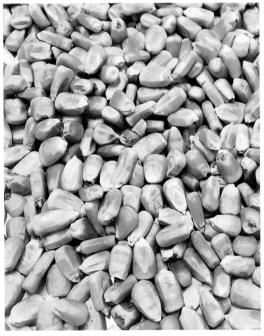

图4-9 劣质玉米(左)与优质玉米(右)

饲料中的霉菌毒素可引起猪只食欲不振、生长缓慢、饲料利用率降低、乏情、排卵数减少、外阴肿胀、受精率降低、死胎和木乃伊、死产和出生重轻等现象的发生(图4-10)。只要购买高品质的饲料,保持生产场的贮存仓状况良好并定期清洁,这些问题就完全可以避免。

图4-10　由霉菌毒素引起的母猪繁殖障碍及产弱死仔数增加

五、生物安全体系

猪场生物安全是为了保证动物健康安全而采取的一系列疫病防控综合措施。重点包括：

①采取全进全出的饲养管理模式,实行早期隔离断奶、多场式生产技术。

②严格限制人员、动物和运输工具进入养殖场,建立严格的卫生管理制度,杜绝外来人员参观。

③坚持自繁自养,实施严格的检疫制度,不从本场外购买猪、牛、羊肉及其加工制品入场。

④禁止饲养狗、猫、兔等动物（图4-11）。

⑤对发病和死亡的猪只进行严格的处理,对引进的猪只要进行严格的健康检查。

⑥定期进行疾病的检测和日常的消毒,进行饲养环境质量监测。

⑦加强疫苗免疫接种和定期的抗体检测,制定科学合理的免疫程序。

图4-11　养猪场禁养的动物

六、多场式生产与早期隔离断奶技术

目前,养殖场最先进、最有利于防疫的布局是三点式生产（图4-12）,即配种、妊娠、分娩在一个分场,保育猪、生长猪在一个分场,肥育猪在一个分场。各分

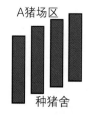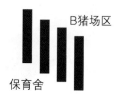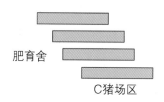

图4-12　三点式养猪模式图

场的距离最好为1~3千米,猪舍与猪舍之间至少要有8~10米的缓冲带。

早期断奶隔离饲养的优点是仔猪出生后21天以内,其体内来自母乳的抗体还没有消失,就将仔猪进行断乳,然后转移到远离原生产区的清洁、干净的保育舍进行饲养。由于仔猪健康无疾病,不受病原体的干扰,免疫系统没有被激活,减少了抗病的消耗,因此不仅成活率很高,而且生长非常快,到10周龄时体重可达30~35千克。

七、"全进全出"的管理模式

相对于传统的连续进出的养猪方式而言,"全进全出"是一种新的养猪理念和管理策略(图4-13)。它要求所有猪只同时被移出一栋或一间猪舍,在新的猪只进入之前,猪舍被彻底清扫、消毒,可避免因舍与舍之间的设备发生交叉感染,不仅有效防止了病原菌的积累和条件性微生物向致病性微生物的转化,而且阻止了疾病在猪场中的垂直传播(主要是大猪向小猪传播),有助于控制疾病而改善生产。在传统的连续进出的养猪方式中,由于圈栏一直处于占用状态,只能带猪消毒,一方面限制了强消毒剂的使用;另一方面,由于不能彻底做好清洁,去除粪便和污物(粪便和污物对微生物有保护作用而对消毒剂则有颉颃作用),因而消毒的效果很不理想,这样就给疾病连续滞留创造了条件。以致一些猪场中病原的种类和数量不断地积累,猪的患病率和死亡率较高,几乎达到无法控制的局面;有的猪场虽然用大量的药物控制住了高发病率和死亡率,但猪群长期处于亚临床症状状态,生产水平比较低。

图4-13　保育舍全进全出

规模化猪场生物安全体系的建立是一项复杂、系统的工程,生物安全体系的推行是提供"高品质、安全、无公害"猪肉产品,打破畜产品质量瓶颈的有效途径,是从根本上改善猪场环境,控制疫病发生,解决疫苗、兽药滥用等问题的唯一出路。

第四节　非洲猪瘟的防控

2018年8月，我国首次出现非洲猪瘟疫情，表现为高频率、影响范围广和持续时间长的特征，其发病和死亡率均较高，甚至可达100%，严重危害养猪业。该病是《国际动物卫生法典》要求必须报告的动物疫病，也被我国列入了动物疫病名录一类动物疫病。本节将重点介绍一些关于非洲猪瘟的常识及其防控措施。

一、非洲猪瘟

ASF（非洲猪瘟）是由ASFV（非洲猪瘟病毒）引起的一种急性、热性、高度接触性传染病。临床上以高热、食欲不振、皮肤出血与高死亡率为主要症状，病理解剖以各组织器官严重出血，特别是脾脏肿大、出血为主要特征。自然感染条件下，ASF的潜伏期为3～21天，感染猪在潜伏期即可排毒，临床症状出现后可通过分泌物和排泄物大量排毒。ASF的自然传播速度慢，高度接触、直接接触、采食、蜱虫叮咬、注射等可传播疫病。消化道（口）和呼吸道（鼻）是ASFV的主要感染途径。苍蝇、蚊、鼠等可机械性传播ASFV。

ASFV有强毒力、中等毒力和低毒力三种类型毒株。所以ASF在临床上发病可分为最急性型、急性型、亚急性型和慢性型四种类型。

最急性型：发病猪体温达41～42℃，呈现厌食、食欲废绝、精神沉郁、皮肤充血等症状，1～4天内死亡，也有无症状死亡的猪。发病率和病死率均可达100%。

急性型：发病猪体温达40～42℃，呈现厌食、不愿活动、皮肤发红、呕吐、鼻腔出血、血便、便秘等症状。妊娠母猪流产。病死率可达90%～100%。

亚急性型：与急性型类似。病猪中度发热，食欲下降，皮肤出血和水肿，感染后7～20天死亡，病死率为30%～70%。

慢性型：病猪体重下降，生长不良，呈现间歇热，耳部、腹部和大腿内侧皮肤发生坏死或溃疡，关节肿大，感染猪可出现呼吸道症状。

二、构建完善的猪场生物安全体系

就目前而言，猪场生物安全是防控ASF唯一有效的措施。在ASF流行时期，生物安全是猪场能够正常生产的前提，决定着猪场运营的成败，因此构建猪场生物安全体系显得尤为重要。

1. 提高防控意识

猪场应充分认识到ASF的巨大危害及通过生物安全措施防控该病的可行性和有效性。

须做到以下三点：

①要树立入场隔离消毒意识。入场的所有人员、物资均视为怀疑带毒者，必须经过严格的清洗、隔离、消毒程序，方可进场。

②要明确净区与脏区。两者是相对的，存在病原污染风险或污染风险较大的区域为脏区，病原污染较少或已被清洁的区域为净区。

③要加强猪场人员的生物安全培训。保证每个人自觉遵守生物安全准则，主动执行生物安全措施，积极纠正操作中的偏差。

2. 建立ASF生物安全防控圈

要建立多层生物安全防控圈：第一层需设置人员隔离区域；第二层设置卖猪、淘汰猪中转站（必须做好日常消毒），彻底切断外部车辆带入ASFV的可能性；第三层为猪场的实体围墙，除天然屏障外，生产生活区与外界用围墙彻底隔断，围墙外部可设置防护沟、防护林等；第四层要求将生产区与生活区进行隔离，不同生产区之间进行隔离。不同防控圈之间建立消毒设施，做到层层切断。

3. 建立场外生物安全体系

场外生物安全体系建设即对威胁到猪场的所有外部因素进行综合控制，以降低其对场内猪群的威胁。外部生物安全影响因素包括猪场的选址、人员入场管理、车辆管理、物资入场管理、猪群转运和生物媒介的清除等。

猪场位置应选择人员稀少、偏僻安静的区域。距离公路、铁路主干线1000米以上，远离居民生活区，距离其他养殖场及屠宰场2000米以上。

建立严格的人员、物资（包括大宗物品、精液等）入场程序。配备猪场内转运车辆，外来车辆禁止入场。在距猪场1～3千米左右处建设标准化的洗消中心，并配备车辆烘干装置，配置专门人员对外来车辆进行清洗、消毒。

4. 健全场内生物安全体系

场内生物安全体系包括猪场内部布局、生产管理、消毒措施、粪污处理等。猪场严格进行分区，包括生活区、生产区和废弃物处理区。

生产人员、物品及猪群应遵循从净区向脏区的单向流动，若需要从脏区向净区流动，需要经过隔离、消毒等程序。猪场生产区道路也应区分净道和污道，两条路线互不交叉，出入口分开。净道用于人行和饲料、物资的运输，污道为运输粪便、病死猪和废弃设备的专用道，因条件限制出现交叉时应及时清洗消毒，保持净道的完整性。推荐采用全进全出、多场式饲养、分批次饲养等管理方式，切断ASFV在猪场内部的循环传播。

5. 科学实施日常监测

建立ASF预警体系，做好ASFV的定期监测。兽医及饲养人员应每天巡查猪舍，检查猪群健康状况，包括观察猪的临床症状、异常行为、采食、饮水等情况，及时发现异常情况，果断处置，保障猪群健康。

①主动监测。对于未发生ASF疫情的养殖场，开展主动监测是十分必要的。重点应放在异常猪只、车辆、人员、生产资料、物品等能与外界接触的环节和风险因素。有条件的养殖场应配备检测仪器，进行现场检测。如发现有猪只出现厌食、呕吐、血便、身体发红、口鼻出血、打针流血不止（凝血不良）、发烧、流产和突然死亡等一切不正常的情况，均需进行采样检测；而对于正常猪只则要按照随机抽样原则，进行抽样检测。同时针对具体病症要具体分析，依据风险，应对运输工具、出猪台、场区大门、生产区猪舍内环境等进行常规采样和监测。

②被动监测。对于已发生疫情的养殖场，一旦确诊，禁止场区内人员、物品等一切流动，防止ASFV扩散。进行相关样品采集，开展监测工作。发病猪场进行精准清除后，须进行风险猪只的全群采样检测，连续2次，之间间隔5～7天。

③溯源调查。溯源调查是分析疫情发生原因的基础，划分生产单元、确定污染范围是精准清除的关键。查看人员、物品记录表，分析首发病例出现前21天以来与外界交流的一切人员、车辆、物品流通环节等。针对外来人员、车辆、物品重点进行采样监测。分析ASFV感染轨迹，确定感染源及初始感染范围。如风险猪群存在外调情况，还应进行追踪调查。

三、规范实施消毒及消除污染源

1. 消毒基本要求

①消毒前要将所有有机物（分泌物、毛发、粪尿、死猪组织）完全清空。
②所有表面要全面经过清扫、清洗、擦拭、干燥之后开始消毒。
③消毒顺序要由内到外，依次从生产区、办公区、生活区、厂区环境进行。集中力量开展全场大消毒，防止各区域交叉污染。
④可使用火焰喷枪对猪场地面及表面物体进行消毒。表面光滑的物体经3～5秒火焰消毒可以达到良好的效果，粗糙的地面或区域应适当增加消毒时间。

2. 消毒方法

①机械性消除：机械的方法如清扫、洗刷、通风等消除病原体，是最普通、常用的方法，可以清除90%以上的病原。

②物理消毒法：包括阳光、紫外线、干燥和高温等，均有较强的杀菌能力。

③化学消毒法：消毒剂种类很多，ASFV对醚和氯仿敏感。ASFV经氢氧化钠、次氯酸盐、福尔马林、邻苯基苯酚和碘化物等化学消毒剂作用后即可失活。

④生物消毒法：主要用于污染的粪便、垃圾等的无害化处理。

注意事项：清洁状态下的干燥是有效的消毒方式；一般清洁步骤为清理、清洗、干燥、消毒、干燥；消毒剂要计算好用量，现配现用；参与喷洒消毒的人员注意自身防护（如穿防护服、水靴，戴手套、口罩、眼罩等），同时避免消毒人员与被消毒对象的交叉污染；雾化与熏蒸空间须保证密闭性，当使用的消毒剂有较大刺激性时，密闭消毒后应通风或等待30分钟以上再进入。

3. 污染源消除技术

（1）车辆消毒。

猪及其粪便运输车辆消毒：市场洗车点清洗（一级洗消点）→到达定点的洗消中心（二级洗消点）→检查合格→车外车内的清洗（消毒设备1）→检查合格→车外车内消毒、烘干（消毒设备1）→采样→移到安全位置定点停放（不是猪场附近，保证停车环境周围无固定或移动的风险）→检测→合格后开车到场（上车前司机穿着防护衣、防护鞋）→靠场定点消毒点（三级洗消点）→消毒、烘干（消毒设备2）→完成业务→离开（车辆一旦靠场，司机全程不下车）。

其他停靠猪场的车辆消毒：车辆停靠场定点消毒点→定点停靠→消毒、烘干（消毒设备2）→完成业务→离开（除专用的中转人员和物资车外，其他车辆从靠场后开始，全程不允许下车，若必须下车，则需穿好防护衣、防护鞋，若必须反复上下车的，则每次下车时都需再次对鞋底进行消毒处理，注意细节）。

（2）猪场场区环境消毒。

生活区：隔离区、服务区、生活区办公室、食堂、宿舍、公共娱乐场所及其周围环境每天消毒1次。

生产区：每天对生产区道路进行至少1次大消毒，生产区各栋舍之间的空地要定期清理、除草，保持干净整洁。

出猪台：距离出猪台500米以上的下游、下风向平坦处设置外来车辆的清洗消毒间。地面铺水泥，形成一定的倾斜度，注意冲洗消毒后水流动的方向，不能污染猪场生产与生活区。外来车辆先在此处全面冲洗消毒后才能靠近出猪台。装卸台外部应该是单向通行的，出去的猪绝不能再回到场区。

赶猪道：每次场内转猪后，应对赶猪道进行彻底的清扫和消毒。同时，每周对场内所有赶猪道进行1次彻底消毒。

解剖台：解剖只能在解剖台上进行，严禁在生产线内解剖猪只（特殊需要除外）。解剖猪只后，相关人员不能直接返回生产区，如果有需要，要求重新进入洗澡间淋浴消毒、更衣、换鞋。每次剖检后应对解剖台及相关用具、环境进行彻底消毒。

（3）物资消毒。

员工食材：在场外进行清洗、消毒、分装后进入场内，最好由场外直接配送熟食。

兽药等小型物资：放于熏蒸间熏蒸消毒或雾化消毒，持续作用30分钟，经检测合格后入场。

饲料等大件物资：臭氧消毒持续30分钟，经检测合格后入场。

（4）人员消毒。

进场步骤：通过自动喷雾消毒通道、洗手消毒（消毒机）、修剪指甲、登记、手机消毒处理、物品进熏蒸间消毒、淋浴更衣换鞋后，方可进入生活区隔离。

消毒要求：人员进入猪舍前需脚踏消毒盆，消毒盆（池）每天更换1次消毒液。员工不得由隔离舍、卖猪室、解剖台、出猪台直接返回生产区，若有需要，应重新进入洗澡间淋浴消毒、更衣、换鞋。生产区工作人员在工作期间必须穿工作服和工作鞋，工作结束后必须将工作服留在更衣室内，且每天进行洗消；严禁将工作服、工作鞋穿入生活区内。生产区每栋猪舍门口、产房、保育舍各单元门口设消毒盆（池），并定期更换消毒液，保持有效浓度。

（5）栏舍空栏、清洗、消毒。

冲洗前准备：将母猪自由采食料桶和料槽内的剩料收集，饲喂淘汰母猪。摘下母猪和仔猪料槽，统一放在栏位的一侧。将烤灯摘下，统一放到舍外，用消毒药刷洗。将猪舍内杂物清理干净。准备高压热水清洗机、消毒机、消毒桶、消毒药、泡沫剂、清洗剂、泡沫枪头、冲栏雨衣和头灯等。

栏舍冲洗：全面冲洗通风小窗、料线、水管、料桶、料管、料槽、单体栏、漏缝地板、挡板、墙壁、地面、地沟及地沟侧墙。冲洗标准为挡板上没有可视粪渣和其他污染物；产床上没有粪便、料块；漏缝地板缝隙没有散料和粪渣；料槽死角没有剩料残渣；粪沟内没有可视粪便；料管及百叶无可视灰尘。执行正确的冲洗顺序，首先开启喷淋设备，对猪舍喷淋20～30分钟（或清水打湿），浸泡30分钟以上；然后使用高压（热水）清洗设备对猪舍屋顶、料桶、料管、料槽、风机百叶、门窗、通风小窗、地沟、墙壁、限位栏、漏缝地板进行冲洗，保证首次冲洗质量；拐角、缝隙等边角部分可用刷子进行刷洗，确保冲洗彻底。做好冲洗检查，对冲洗后栏舍各个部位进行逐项检查并评分。不符合冲洗质量标准的栏舍按要求进行返工冲洗，至验收合格后方可进行下一步工作。栏舍消毒可采用两次消毒法，第一次消毒后，应用风机干燥（冬、春季可配合暖风炉烘干12小时）。第二次消毒后再次采用风机干燥（冬、春季可配合暖风炉烘干12小时）。第一次泡沫剂消毒后干燥切记不要彻底，以栏舍表面无明显水滴为宜。

此外,对冲洗、消毒过的猪舍环境进行微生物检测和病原检测。检查合格后,应空栏5天以上。

(6)器械消毒。

托盘:将托盘内所有物品拿出,放到工作台上。将托盘盛满水和消毒剂浸泡30分钟。倒掉水和消毒剂,用牙刷刷洗1遍,再用清水冲洗干净。

注射器:将所有部件松开,逐个冲洗各部件,清洗完毕后把注射器正确组装好,但要保持松动。

针头、镊子、手术刀柄、剪牙钳、断尾钳放入盛满水和消毒剂的容器中浸泡30分钟。来回晃动5分钟,用清水涮洗3遍。

高压灭菌消毒:将所有清洗过的器械和物品放入高压锅中,高压灭菌15分钟,灭菌完毕后将所有器具放入干燥箱中烘干,干燥后待用。

(7)生产工具消毒。

接产车、胎衣桶、生产区车辆(小推车)、挡板、扒料铲子、扫帚、铁锨、产房料槽、诱食槽,每次使用完后采用喷雾或浸泡消毒。消毒时间一般为30分钟,除断尾钳每次使用后消毒1次外,其余均为每日消毒1次。

(8)工作服消毒。

生活区内工作服每日清洗、消毒1次,生产区内工作服每日清洗、消毒,次数需根据养殖场实际情况而定,工作服清洗、消毒后填写工作服清洗消毒记录表。每天对工作服的清洗、消毒进行检查并记录。

(9)水消毒。

水井和蓄水池可使用氯制剂或碘制剂消毒。每周1次,有条件的可定期对水源进行ASFV检测。水线可安装过流式紫外线消毒器及二氧化氯发生器。定期对水线进行病原检测。

四、优化种猪繁育模式,保障种源供给

生猪种源供给是预防ASF的重要保障,应从以下几个方面来优化种猪繁育模式:

1. 适当调整生产母猪的品种结构

传统商品猪场通常需要常年引进大量的长大、大长二元杂种母猪补充淘汰的生产母猪(引种前要检测ASFV)。为了最大限度地减少引种次数,可以引进纯种长白猪或者大白猪,通过场内扩繁,生产二元杂种母猪,减少引种风险。

2. 灵活应用品种配套模式

有效提高养猪生产效率的品种配套模式是充分利用杂交优势,目前我国养猪业中主要有杜长大、杜大长纯种配套生产模式和配套系生产模式。出于安全生产时封场的现象,为实现满负荷生产,必要时可以采取回交的方式补充生产母猪,即早期挑选体形外貌符合要求的杜长大、杜大长青年母猪,按照后备母猪要求培育为优质父母代母猪。为了尽量减少生产效率的降低,终端父本的选择显得尤为重要,最好的模式是用父系大白猪作为终端父本,其次为长白猪,而尽量避免使用杜洛克猪作终端父本。

3. 采用商品化公猪精液

终端父本的遗传性能影响商品猪生产性能的一半,所以优良公猪在养猪生产中具有十分重要的作用,尤其是按上述方法改变了生产母猪的品种结构或品种配套模式的情况下,可以购买符合生物安全要求的优良公猪精液(要确保进行过非洲猪瘟检测),而场内则只饲养在商品猪中挑选合适的公猪作为试情公猪。此外,使用冷冻精液比使用常温精液能更好地适应生产节律,减少物流次数。

4. 应用生物技术保存优良遗传资源

对于种猪育种场有必要应用现代生物技术保存场内的优良遗传资源,以备未来克隆恢复。生物技术保存遗传资源主要包括四个层面:DNA组织样保存、体细胞库建立、冷冻精液保存和冷冻胚胎保存。

5. 应用基因组选择技术,保障持续选育

品种的持续改良则关乎企业长期的核心竞争力。基因组选择技术的应用可在一定程度上保障种猪育种工作的持续进行。GS(基因组选择)是一种利用覆盖全基因组的SNP(单核苷酸多态性)标记而进行的标记辅助选择技术,它可以提高选择的准确性,同时还能够实现早期选择,因此当建立了参考群后,可以大量减少现场测定的个体数,从而有利于ASF的防控。

6. 强化引种隔离

养猪生产中,根据生物安全的需要,对新引进的种猪都需要采取隔离的措施来降低新引进种猪携带ASFV而污染原生产群的可能性,同时也避免新引进种猪直接暴露于大量原猪群的病原微生物之下。应对拟引进的种猪进行逐头检测,确认ASFV核酸检测为阴性,并在隔离舍隔离30天,其间进行临床监测和随机抽样检测。

7. 为了防止ASF通过饲料环节传入的风险,必须严把饲料关

①做好饲料原料的采购。优质、安全的饲料原料采购环节是生物安全的第一道防线。原料采购前应对要采购的原料进行充分的生物安全评价,必要时现场取样进行ASFV核酸检测。我国饲料原料分散,运输跨度大,在运输环节上需防止二次污染。对植物蛋白类原料来说,经过高温处理的原料生物安全性高于低温处理的,比如高温豆粕(饼)生物安全性高于低温豆粕(饼),但也要防止原料在加工、运输环节中的二次污染。一般来讲生物安全等级顺序为:非疫区国家来源原料(进口)>玉米酒精糟、氨基酸、维生素 >国产大宗原料玉米(ASFV核酸检测为阴性)=规范生产的国产猪源性产品(ASFV核酸检测为阴性)>经过45天隔离期的玉米等(ASFV核酸检测为阳性)=规范生产的国产猪源性产品(ASFV核酸检测为阳性)>未经隔离或以其他方式处理的玉米等大宗原料(ASFV核酸检测为阳性)>不规范生产的国产猪源性产品。

②做好原料评估、运输和验收。采购前期评估过且生物安全评价高的原料。对于来自ASF疫区的玉米等大宗饲料原料,建议不采购未经过高温处理或未经证明为ASFV核酸检测阴性的原料。不采购可疑动物源性饲料原料,特别是不符合农业农村部第91号公告规范要求生产的猪源性血浆蛋白粉、血球蛋白粉、肠膜蛋白、肉骨粉、猪油等。不采购掺假蛋白原料,特别是可能掺入猪源饲料的鱼粉、鸡肉粉等。在使用进口饲料原料时,只采购来源于无ASF疫情国家的饲料原料。做好饲料原料运输车辆的全面消毒工作,运输路线避开疫区,原料采用包装袋封装,运输车厢需用塑料布或帆布覆盖封闭,防止饲料在运输途中被污染。饲料原料验收时,对玉米等大宗原料要定期(如每2周1次)在下料口取粉尘样品,进行ASFV核酸检测。特别需要注意的是,饲料运输车也可能携带非洲猪瘟病毒,运输前必须进行规范消毒。

③做好原料储存和生物安全措施。验收完成后的安全原料应储存在没有ASFV污染的库房,做好防护措施,定期环境消毒,杜绝二次污染。对可疑的原料需采取必要的安全措施消除ASFV污染的潜在风险。主要操作方法有:

a.热处理,把原料加热到60℃保持30分钟,或高温80～90℃保持3分钟以上。

b.膨化,对原料采用膨化处理,比如单独膨化玉米、豆粕或者大豆,也可以把玉米和豆粕按照比例混合后,进行全膨化处理。

c.发酵,把玉米、豆粕和麦麸按照比例混合后,采用芽孢杆菌、乳酸杆菌和酵母等微生物进行混合发酵。

d.放置,不具备以上处理条件的,可以在常温、干燥隔离库房中将原料隔离放置45天以上。

④优化饲料加工工艺。为了有效杀灭ASFV,消除潜在的风险,饲料加工采用高温制粒

工艺,主要是提高制粒温度,延长调质时间,保证调质温度大于85℃,调质时间超过3分钟。对于未达到要求的饲料制粒工艺需增加蒸汽量,确保调质器中物料温度大于85℃,并适当延长调质时间。

⑤做好饲料转运。对饲料的运输车辆要进行全面、彻底、有效的消毒处理,对车轮、车厢和驾驶室等部位进行ASFV检测,检测病毒核酸阴性视为合格。同时要与饲料原料运输车辆严格分开,实行专车专运。饲料运输过程中,运输车厢用塑料布和帆布覆盖封闭,选择避开疫区的运输路线。饲料应首先从饲料生产车间运送到安全的、无ASFV污染的饲料中转站,不能直接运送进猪场。使用散装料的猪场要注意饲料在装料、运输和卸料过程中的二次污染,平时应对装料口、卸料绞龙用塑料布包裹密封。

五、改造猪舍,优化生产管理

通过猪舍改造,御病原于场区之外,优化生产管理,确保猪群健康,是目前和今后开展ASF综合防控的重要举措。

1. 提高认识

场内人员是ASF防控的主体,事关防控成败。应定期开展ASF防控的政策、技术讲座和培训,提高从业人员对ASF危害的认识和防控意识,明确防控关键环节。

2. 确保饮水安全

ASFV通过饮水感染所需的病毒量极低,必须确保饮水安全,切断病毒经水传播途径。选用深井水或自来水饮用和冲洗猪栏,对水源经常抽检,及时消毒,消毒剂可选用漂白粉、次氯酸钠、二氯异氰尿酸钠、三氯异氰尿酸、二氧化氯等含氯消毒剂。

3. 做好"四流"管理

确保"车流、人流、物流、猪流"不带毒,最大程度降低传播风险,有效切断传播途径。对进场"四流"开展ASFV检测,确保无ASFV污染。实施饲料等重要物资的中转,建立猪只销售中转站,人员实行72小时隔离,有条件的应采样进行ASFV检测。对入场物资进行清洗、消毒、烘干,如所有进入生产区的物品、药品必须经过臭氧消毒2小时,存放24小时后方可进入生产区。

4. 改善环境条件

①做好猪舍内的卫生清理工作,保证舍内环境干净,空气流通,地面干燥,环境温度适宜。

②做好猪舍内的防寒以及防暑工作,尤其是母猪舍和保育猪舍,减少应激。

③做好猪舍外的环境消毒,保证每周对猪舍消毒1～2次。

④增加防鸟、防鼠、空气过滤设施设备,全封闭式运行,经常灭蝇、灭蚊,阻断鸟、鼠、蚊、蝇传播。

5. 优化猪场设计

①严格参照GB/T 17824.1—2008《规模猪场建设》、NY/T 1568—2007《标准化规模养猪场建设规范》、NY/T 2661—2014《标准化养殖场生猪》、GB/T 17824.3—2008《规模猪场环境参数及环境管理》、GB/T 32149—2015《规模猪场清洁生产技术规范》、NY/T 2077—2011《种公猪站建设技术规范》等技术规范进行选址,远离居民区。

②实施自繁自养设计,一定时间内种源自给自足。

③不同功能区独立设计,尤其要注意进出道路和运猪车辆的清洗以及人员吃、住、排便的处理应与核心生产区保持独立。

④猪舍全封闭设计,避免鸟、鼠、蚊、蝇进入猪舍。

⑤猪舍实行单元化生产,进风、排风独立运行。

⑥雨污严格分开。

⑦净道、污道严格分开。

⑧采用自动化、智能化设计,尽量减少人员和车辆使用。

⑨优选设备,减少人员维护。

⑩建立车辆多级洗消和烘干中心。

总之,在当前我国非洲猪瘟疫情的严峻形势下,为加强规模猪场生物安全体系建设,有效控制和根除非洲猪瘟,各猪场应参照由中国动物疫病预防控制中心编制的《规模猪场(种猪场)非洲猪瘟防控生物安全手册(试行)》认真执行。

第五章　废弃物减量化处理

畜禽养殖业污染已成为继工业污染之后的第二大污染源。近年来,我国养殖规模化、集约化发展迅猛,废弃物大量集中,而有效耕地面积逐步缩小,导致养殖废弃物还田消纳有限,污染物排放量不断增大,已对环境造成严重污染。2016年全国超过20个省份划定了生猪禁养区,南方地区猪场拆迁也在逐步推进,如浙江省等禁养大省,因禁养减少的生猪数量占整个饲养量的50%。在日益重视环保的今天,猪场如何利用最低代价实现废弃物减量化排放、无害化处理、资源化利用直接影响其效益和生存发展。

降低养殖业污染应该以减量化为指导,力求从源头控制饲料资源的消耗,减少污染物的排放。在保证畜禽产品供给满足基本需求的前提下,如何减少废弃物产生量,实现废弃物的减量化处理,是养殖废弃物污染防控的关键问题。从畜禽生产周期的角度分析,目前养殖废弃物减量化处理技术包括环保型饲料技术、精准饲喂技术、节水饲养技术、畜禽舍环境控制(臭气减量)技术和自动清粪技术等。

第一节　环保型饲料技术

造成畜牧业对环境污染的主要原因与饲养水平不高、饲料利用率低、重金属和抗生素滥用等因素有关。环保型饲料技术是指通过营养组分平衡、利用效率高、低污染的环保型饲料来减少饲料原料的浪费,降低氮、磷及其他微量元素的排放。同时可以通过优化日粮加工工艺,改变饲料的理化性质来减少粪尿的产生,最终达到粪污处理减量化的生产目的。针对畜牧业生产中的不同问题,使用环保型饲料是减少环境污染和获得优质畜产品的根本出路。环保型饲料技术已成为未来饲料工业的一个新方向。

一、环保型饲料技术

环保型饲料技术主要通过调整饲料配方,严格规范兽药、饲料添加剂的使用,防止过量使用;通过改进饲料加工工艺,提高饲料营养物质的消化率和利用率,减少猪粪尿的排泄量,降低氮、磷及抗生素、微量元素(尤其是重金属)的排泄量。

1. 减少粗蛋白用量,平衡氨基酸营养

过多的蛋白质摄入不仅导致蛋白质饲料资源的浪费,而且大量蛋白质随粪便排出还会

污染环境。在充分了解畜禽对饲料蛋白质的需要水平、必需氨基酸和非必需氨基酸的最适比例以及对合成氨基酸利用效率的情况下,采用生态饲料配方新技术,控制畜禽粪尿排泄物中氮的污染。近年来研究表明,降低日粮中粗蛋白水平,同时根据猪对氨基酸的营养需求,用合成赖氨酸、蛋氨酸、色氨酸和苏氨酸来进行氨基酸营养平衡,代替普通饲料蛋白质的用量,可以大大降低猪粪便中氮的排放量。据报道,猪日粮中粗蛋白水平降低4%,额外补充赖氨酸、苏氨酸、色氨酸和蛋氨酸,粪尿中氮的排出量可减少30%～40%。

　　一些饲用复合酶的使用,也可以促进营养物质的消化吸收,减少营养物质的排放(图5-1)。目前市面上常见的复合酶主要有以蛋白酶和淀粉酶为主的饲用复合酶、以β-葡聚糖酶为主的饲用复合酶及以纤维素酶、木聚糖酶、果胶酶为主的饲用复合酶。其中以蛋白酶为主的饲用复合酶可以补充动物内源酶的不足,提高动物对蛋白质的利用率,进而减少蛋白质的浪费,减少粪便中的氮排放。

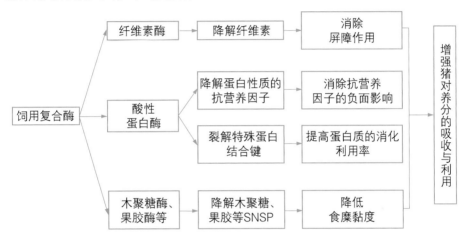

图5-1　常见饲用复合酶的功用

2. 添加植酸酶,减少磷污染

　　饲料中的大部分磷是植酸磷,例如:谷物籽实中的植酸磷含量占总磷的56%～68%,小麦麸占70%,豆粕等油饼类饲料达58%～70%,而细米糠高达86%。但由于单胃动物消化道中缺乏植酸酶,故不能利用这些植酸态有机磷,大部分从粪尿中排出,严重污染环境。同时,植酸磷还具有与金属离子较强的络合性,它能与钙、镁、铁、铜、锌等金属离子生成稳定的络合物——植酸盐,直接影响动物对这些矿物质和微量元素的吸收、利用。研究表明,把微生物植酸酶或天然饲料中的植酸酶加入植物性饲料中,在特定条件下作用一定时间,植酸酶就可以将饲料中的植酸盐分解,并释放无机盐,为动物所吸收、利用,从而大大减少了磷的排出。

　　研究认为,以黑曲霉菌产生的植酸酶活性最强。例如,在猪日粮中添加来源于黑曲霉菌的微生物型植酸酶,能显著提高植酸磷利用率,从而使猪粪中磷的排出量减少30%～

35%,大大减少了磷对环境的污染。

3. 无机微量矿物元素的使用

长期以来,在畜禽饲料中添加的无机微量矿物元素均普遍超量。例如,在仔猪和生长猪日粮中添加的无机铜达100～250毫克/千克,有的高达300毫克/千克。因高剂量氧化锌可预防仔猪腹泻,提高仔猪成活率,因此在断奶仔猪日粮中添加的氧化锌高达2000～3000毫克/千克。虽然高剂量添加无机微量矿物元素能提高猪的生产性能和防治某些肠道疾病,但由于猪对无机微量矿物元素的消化、吸收能力差,利用率低(图5-2,表5-1),故采用超量添加的方式以发挥其应有的作用。

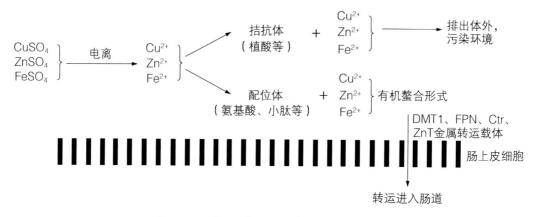

图5-2　无机微量矿物元素的吸收与利用

表5-1　无机微量矿物元素吸收率

元素	铁	铜	锰	锌	硒
吸收率	5%～30%	5%～10%	5%～10%	5%～30%	85%

这不仅导致养分过剩和经济上的浪费,而且还对生态环境产生污染。据报道,我国每年使用的微量元素添加剂为15万～18万吨,但由于生物效价低,大约有10万吨未被动物利用的矿物质随畜禽粪尿排出而污染环境。

近年来,国内外都在纷纷研究和推广应用有机态的复合微量矿物元素,并用其取代畜禽饲料中的无机态微量矿物元素(表5-2)。有机态的复合微量矿物元素不仅完全可以替代无机微量矿物元素,而且其生物活性比无机态更有效、更全面。据报道,用20%～30%复合有机微量元素(铁、铜、锰、锌和硒)可全部取代商业推荐剂量的无机微量矿物元素,对母猪、仔猪及生长猪的生长或繁殖性能无负面影响,并且能够显著降低畜禽粪便中微量元素的排放量,减少重金属的污染。

表5-2　有机微量矿物元素全取代无机微量矿物元素的部分研究

研究动物	主要结论
母猪	哺乳母猪饲料中用50%的有机微量元素替代高水平无机微量元素（铜25毫克/千克，铁138毫克/千克，锰50毫克/千克，锌131毫克/千克），提高了母猪的生产性能，仔猪的活力、窝增重、成活率均有提高
仔猪	用50%添加剂量的有机微量元素替代高水平无机微量元素（铜120毫克/千克，铁120毫克/千克，锰35毫克/千克，锌100毫克/千克），提高了仔猪的生产性能和消化率
生长肥育猪	添加无机微量元素50%剂量的有机微量元素，不仅不会降低生长肥育猪的生长性能，反而提高平均日增重，同时降低粪中铜、铁、锌和锰等多种元素的浓度，有效降低粪污对环境的污染

4.减少霉菌毒素污染

据报道，世界上已有25%的谷物受到霉菌毒素的污染。为了消除这种污染，过去人们大多在畜禽日粮中添加滑石粉、膨润土和硅酸铝等矿物质，这些矿物质只有在高剂量添加时才有效，一般添加量为0.5%～1%，但多数黏土性矿物质不能被畜禽消化吸收，大多随粪便排出。近年来，研究者一直在积极寻找一些能结合霉菌毒素的化合物，以取代黏性矿物质来消除霉菌毒性。研究表明，一种来自酵母的酯化甘露寡糖能吸收多种霉菌毒素（其中对黄曲霉毒素的吸附性最强）。在蛋鸡日粮中加入0.1%～0.2%霉菌毒素结合剂可显著降低日粮中的霉菌毒素含量，提高鸡的产蛋量和免疫机能。

5.减少臭味污染

养殖过程中产生的硫化氢、粪臭素（甲基吲哚）、硫醇和胺类等化合物具有强烈的臭味。解决臭味的方法是控制源头，采用饲料替代品，改变畜禽消化道中的微生物群落，或使用除臭添加剂改变产生臭气化合物的化学结构。据报道，墨西哥已经从一种在沙漠中生长的特种植物——丝兰属麟凤兰植物中提取一种天然物质，在每吨饲料中添加100克该种物质，即能减少粪尿中40%～50%的氨气量，从而大大减少臭味。研究证明，这种提取物有两个活性部分，一个可与氨结合，另一个可与硫化氢、粪臭素等有毒气体结合，故有控制畜禽排泄物恶臭的作用。

二、环保型饲料配方的设计与加工工艺

1.环保型饲料配方设计

一个环保型的饲料配方，要具备无臭味（减少臭气对空气的污染）、动物消化与吸收性能好（减少排泄物的排放）、增重快和疾病少以及排泄物中的磷排泄量少等条件。因此，在

进行设计时,应考虑的因素有:减少使用消化率低和纤维素含量高的原料;要以有效养分的需要量(如必需氨基酸的需要量)来进行饲料配方设计(以减少氮、磷及粪便的排出);减少含磷量(使用植酸酶和低植物性磷的饲料原料);减少含盐量(食盐用量应低于0.2%);使用除臭剂(如活性炭、沙皂素和乳酸杆菌等)。

2. 精准的生产加工工艺

优质的饲料产品除了有科学的饲料配方外,更需要精准的生产加工工艺,才能将理论的配方变成现实的饲料产品。传统的饲料加工工艺包括粉碎、混合和制粒等,均会影响畜禽对饲料养分的利用率,造成饲料使用效果的差异。因此,改进饲料加工工艺与设备有助于提高新型环保饲料的营养物质消化率和利用率,是环保型饲料开发的重要思路之一。全价配合饲料的饲料原料多达20～30种,添加量为0.005%～80%,尤其是维生素、氨基酸、饲用复合非淀粉多糖酶、植酸酶和微生态制剂等添加剂,在传统饲料加工工艺中极易损失。因此,合理使用精准加工工艺与设备,包括膨化工艺、二次制粒工艺、后熟化工艺和后喷涂工艺等,对于创新研发和推广环保型畜禽饲料产品,占领高端饲料市场,增加企业经济效益十分有利。

第二节　分阶段精准饲喂技术

在生长肥育猪生产体系中,生产目标仍是以最小的饲料成本取得最大的生产性能。然而在一个特定猪群中,营养物质的需要量存在明显的个体差异,并随个体年龄和体重的增加而不断变化。为了获得最大生产性能,通常按个体最高需要量供给营养,导致大多数猪营养摄入量高于其实际需要量,日粮营养物质的利用率降低,营养物质排泄量增加。对于大多数营养成分而言,摄入量不足的猪只,生产性能降低;摄入量过多的猪只,虽然获得了最佳生产性能,但日粮利用率降低,没有被利用的养分通过尿或粪排泄,导致营养物质排泄量增加。为了提高日粮养分的利用率,降低饲养成本,减少养分排泄,研究人员提出了精准饲养的概念。

一、精准饲养

"精准、高效、个性化定制"是当前饲料产业关注的焦点。精准饲养是根据群体内动物的年龄、体重和生产潜能等方面的不同,在恰当的时间给猪群中的每个个体提供成分适当、数量适宜的饲粮的饲养技术。精准饲养根据群体中每个个体每天的营养需要量来提供其需要的相应日粮,不仅在采食量上精准供给,而且实现日粮养分含量的精准供给。

目前,精准饲养在养猪生产中主要应用于母猪生产,美国Osborne公司研发的Team系统,法国Acemo公司研发的Elistar系统,以及荷兰Nedap公司研发的Velos系统均已应用于我国大型的规模化养猪企业,这三种智能化母猪饲养管理系统均实现了群养单饲,可以自动识别猪群所处阶段并给母猪提供需要的饲料量。根据母猪的怀孕阶段、生长情况、季节和摄食量,通过控制每头母猪的给料量来提高饲料利用率,减少浪费。但这几种智能饲喂系统(图5-3)仅仅实现了采食量上的控制,并不是真正的精准饲养。

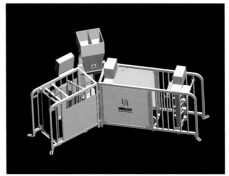

图5-3　母猪智能饲喂系统

二、电子饲喂管理系统

电子饲喂管理系统是一种采用电子耳标身份论证的方式(图5-4),对每头猪进行管理(包括采食料量、生长周期记录及发情鉴定等),这样可以大大节约劳动成本和劳动强度。母猪需要在猪耳处安装RFID(射频识别)电子耳标。耳标内存有号码,此号码与母猪一一对应,这样可通过识别耳标来达到区分不同母猪的目的。

图5-4　电子耳标

1. 电子饲喂系统的工作流程

电子饲喂系统的工作流程见图5-5。

①在饲喂开始时,开启入口门。母猪进入饲喂站后,安装在走道侧壁上的光电传感器感应到母猪后,关闭入口门。

②在食槽处感应到母猪的电子耳标,获取母猪的饲喂信息并处理信息后,开始投料(50~100克/次),间断性地分多次投完1天的料。

③母猪进食后,通过双重退出门,这时饲喂过程就结束了。

④如果饲喂站配备了分离门，母猪经过退出门后，可经过分离门回到栏内或者被分离出来。

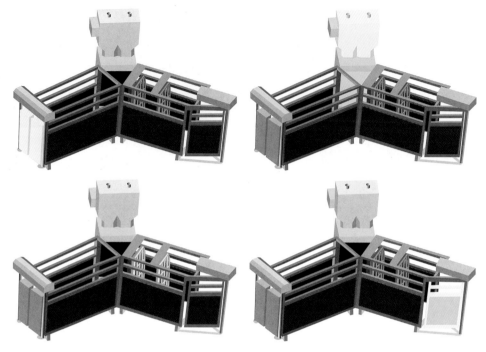

图5-5　电子饲喂系统的工作流程

针对出现异常的母猪，例如临产、发情、生病、需要注射疫苗的母猪，可进行相应的处理（喷墨或者分离）。

2. 电子饲喂系统模式

根据电子饲喂站的配置和特点，结合猪场的实际生产工艺，有两种方案。

一种方案是静态饲养模式，可实现全进全出。不同妊娠期的母猪群分别在不同的栏里饲养，每栏安装1个母猪饲喂站，母猪只需混栏1次，避免了母猪相互攻击，同时小群便于查找母猪。大多数美国的ESF（母猪智能饲喂）系统采用静态饲养模式。处于同一妊娠阶段的母猪在配种后进入妊娠舍组成一个固定不变的群体，这个群体转入同一个小单元，直到妊娠后期所有母猪被转移到分娩舍。

另一种方案是动态饲养模式，便于生产管理。在一个栏里混合不同妊娠期的母猪群体，通常在一个栏里安装多个ESF饲喂站。大多数欧洲的ESF系统采用动态饲养模式。

动态组群养是指处于不同妊娠阶段的母猪组成一个动态群，在母猪配种后到妊娠末期，妊娠母猪都在这个大群里面。配种后的母猪被添加到这个猪群，处于妊娠最后阶段的母猪从这个群中移出到分娩舍。每周加入进来的配种母猪以及从这个大群转移出的产仔母猪数不应改变总群体数量的10%，不会对这个大群体产生很大的影响，母猪的应激反应很小。

在肥育猪饲养阶段,可以采用肥育猪分栏站大群群养,系统可以自动分离不同体重的猪只,减少人工操作环节,在大规模猪场和家庭农场均可使用。

第三节 节水饲养技术

畜牧生产用水主要包括饮用水、降温用水、冲洗用水等。我国生猪规模养殖比例居世界前列,但养殖用水效率偏低,养殖饮用水、栏舍冲洗用水量较大,同时也增加了污水产生量,加大了污水治理的难度和处理成本。2015年初,浙江省畜牧兽医局对34家规模化养殖场的调研发现,每头存栏生猪平均日用水量最高达26升,最低为4升,相差22升,差异达5倍多。由此可见,我国生猪养殖的节水空间和潜力十分巨大。本节主要介绍养猪业的一些节水养殖模式和节水技术。

一、节水养殖模式

1. 节水型湿料饲养

饲喂设备、饲喂方式落后所致的饲料和用水浪费、环境污染是我国养殖业普遍存在的问题。解决饲料和用水浪费、减少环境污染是迫在眉睫的问题,从源头解决问题有利于提高畜禽的饲养水平。大量研究和生产实践表明,采用液态饲料饲喂生长肥育猪,其适口性好,消化吸收率高,无粉尘,可明显减少猪的呼吸道疾病,还可充分利用各种饲料资源,降低生产成本,可使猪的生长速度加快,饲料转化率提高5%~12%。

应用干湿料饲喂器(图5-6)可节约用水和饲料消耗量。猪用智能干湿料饲喂器通过自动下料控料方式,根据猪只的生活习性,在猪只进食时系统自动下料、下水,确保猪只采食新鲜饲料,减少饲料酸化变质,可以提高饲料利用率,避免饲料浪费,并有效减少猪只呼

图5-6 干湿料饲喂器

吸道疾病,减少饲养员的劳动强度,提高工作效率。该饲喂器主要用于肥育猪和保育小猪的喂养,深受养殖户的青睐,同时可以配合自动料线使用,大大降低劳动强度。

2. 发酵床生态养殖

发酵床生态养殖(图5-7)是近年来从日本、韩国引入的一种新型养猪技术,由于其在零排放、提高生猪机体免疫力、减少疾病发生等方面具有一定优势,已在部分地区推广应用。应用发酵床养猪不需要用水冲洗圈舍,仅需满足猪只饮水即可,一般可比传统集约化养猪节水85%～90%。

图5-7　发酵床生态养殖

二、其他节水技术

1. 节水型饮水技术

通过改变猪舍的饮水方式、优化饮水器结构、调节饮水器出水流量和水温、调整安装位置、降低饮用水中的矿物质含量等可明显节省饮用水量。

目前,实际生产中应用的猪用饮水器主要有鸭嘴式、碗式、吸吮式和乳头式等(图5-8)。据报道,采用乳头式饮水器、防溅饮水器、水槽、碗式饮水器的每头生猪的平均日用水量分别为10升、4.6升、10升和8.0升。以肥育猪为例,猪用杯式或碗式饮水器可比鸭嘴式饮水器减少浪费饮水10%～25%。尤其当饮水流速为2080毫升/分钟时,浪费率为23%;当流速为650毫升/分钟时,浪费率为8.6%。所以,建议生长肥育猪饮水器的流速以

700毫升/分钟为宜。另外,温度也会影响猪的需水量,当环境温度处于20℃以上时,每增加1℃,可导致每头猪每天多饮水约0.2升。

图5-8　鸭嘴式饮水器（左）和碗式饮水器（右）

因此,根据不同猪种及其生长阶段的饮水行为需要,选择节水型和智能化饮水器,正确安装饮水器位置,提供合理的流量、水质和水温,定期检查和修复饮水系统的滴漏等问题,不仅可节约用水,同时也能满足猪饮水需要,实现猪清洁饮水的健康要求,保证栏圈饮水区干燥卫生,降低舍内湿度,改善生猪生长环境和降低疾病发生的风险,同时还可减少粪污的产生和处理成本。

2. 节水型清粪技术

在环保压力日益增大的形势下,推广应用节水型清粪技术迫在眉睫,于是全自动干湿分离式清粪技术应运而生。近年来推广应用的全自动新型干湿分离刮粪机能有效减少后续处理工艺,节约处理成本。经规模化猪场改造使用后发现,污水减排量可达50%～60%,人工投入成本减少2/3,舍内湿度降低15%、NH_3浓度降低50%,可明显改善饲养环境,提高生猪生产性能。

3. 节水型降温技术

目前,猪舍夏季常用的降温方式主要有湿帘-风机降温、冷风机降温、喷雾降温、畜体喷淋和屋顶喷淋降温、遮阳降温等,大多数降温方式都需要通过水的蒸发而达到降温的目的。据报道,一般肥育猪舍降温用日需水量折合每头猪约为0.1升。研究表明,多级蒸发降温系统技术可有效提高降温效率,相应节约降温过程中的用水量。因此,猪舍蒸发降温过程中的节水问题必须引起养殖场的重视,生猪养殖场在采用蒸发降温措施时,应科学设计和配置降温系统,推广应用节水型降温技术。

养猪业的节水是个系统工程,需要因场而异,采取技术上、经济上可行的节水技术,同时加强各个养殖环节的用水系统滴漏检查和管理。

第四节　减臭技术

猪场中的恶臭主要来自猪的粪便、污水、垫料、饲料等的腐败分解。猪的粪尿在腐败分解过程中,蛋白质、氨基酸因细菌活动而进行的脱羧和脱氨作用对恶臭物的产生最为重要。研究表明,猪粪产生的恶臭成分约有230种,其中对猪危害最大的恶臭物质主要是NH_3、H_2S和挥发性脂肪酸,这些物质有强烈的刺激性臭味,对猪只呼吸道具有强烈的刺激性,并导致猪烦躁不安,采食量下降,体质变弱,易发生呼吸道疾病。

饲料在消化道消化过程中,尤其是在后段肠道微生物分解作用下而产生臭气;同时,没有消化、吸收的部分在体外被微生物降解,也产生恶臭。为提高养猪效益,应积极推广和应用新产品和新技术,采取综合措施减少臭气源物质的排泄量。

一、合理的营养配方

提高日粮的消化率、减少干物质(特别是蛋白质)排出量,既减少肠道臭气的产生,又可减少粪便排出后臭气的产生,这是减少恶臭来源的有效措施。如用合成氨基酸取代日粮中完整的蛋白质可有效减少排泄物中的氮。研究表明,日粮消化率由85%提高至90%,粪便干物质排出量就减少1/3;日粮蛋白质减少2.0%,粪便排泄量就降低20%。采用液态料饲喂生长肥育猪,饲料的适口性好,消化利用率高,无粉尘,减少猪的呼吸道疾病,并降低成本,加快猪的生长速度。试验结果表明,与饲喂干粉料相比,给猪饲喂液态饲料,饲料转化率可提高9.19%～12.08%,猪的粪便量随之相应减少。

日粮中添加酶制剂、酸制剂等,除提高猪生产性能外,对控制恶臭具有重要作用。日粮中添加酶制剂可提高氮的消化率和碳水化合物的利用率。在仔猪饲料中添加0.1%木聚糖酶,饲料干物质和氮的利用率分别提高21%和34%。酸化剂主要通过降低消化道pH来影响仔猪对营养物质的消化作用,可降低腹泻率及减少腹泻带来的恶臭。研究表明,日粮中添加有机酸可提高仔猪对蛋白质的消化和吸收,提高氮在机体内的存留。在仔猪料中添加1.0%柠檬酸,干物质和粗蛋白消化率可提高2.28%和6.1%。

二、科学的猪场规划和饲养管理

1. 正确设置猪场内的建筑，合理设计猪舍

猪场内要建有硬质的、有一定坡度的水泥路面，生产区要设有喷雾降温除尘系统，有充足的供水和通畅的排水系统。在猪舍内设计除粪装置，窗口使用卷帘装置，合理组织舍内通风，注意舍内防潮，保持舍内干燥，对猪只进行调教，定点排粪尿，及时清除粪便污物，减少舍内粉尘、微生物，尽量做到粪尿分离。

2. 做好猪场粪便处理

建造位置恰当、容积适宜的专用粪房（粪池），及时对粪便进行高温快速干燥，或进行堆肥处理，或使用除臭剂处理，并有效地把堆肥应用于农业生产。

（1）高温快速干燥。

采用热能进行人工干燥。干燥需干燥机，国内使用的干燥机大多为回转式滚筒，在短时间内（约数10秒）猪粪受到500～550℃的高温作用，猪粪中的水分含量可降至较低水平，能有效控制恶臭的产生。

（2）堆肥处理。

进行堆肥处理时要搭建一个堆肥棚，其目的主要是防雨水，其侧面全遮，前后敞开，大小根据猪饲养量决定，但空间应大，利于通气。两侧为两道水泥墙，地面为水泥结构。粪便收集到堆肥棚后，要注意控制其水分含量，一般以60%左右为宜，并定时注入空气，将堆积粪便的温度控制在30～60℃；每周翻动1～2次，以减少臭气，加速发酵，整个过程需数周，然后把堆肥运走或直接用于种植业。当然，猪粪堆肥处理的方法很多，各猪场可视情况而定。

三、除臭技术

1. 物理除臭

物理除臭是通过物理的方法除去臭味，利用除臭剂的物理性质，不改变臭气成分，只改变其局部浓度或者相对浓度。常见类型有吸附型除臭和掩蔽型除臭等。

吸附型除臭是利用分子间的范德华力吸附环境中的恶臭物质，其比表面积大、孔容大，通常能吸附空气中的恶臭分子，降低恶臭浓度，达到除臭的目的。常见的吸附型物质有活性炭纤维、各类沸石、某些金属氧化物和大孔高分子材料等。海泡石、膨润土、凹凸棒石、硅藻石等可吸附、抑制、分解、转化排泄物中的有毒有害成分。如沸石粉中的孔道体积占沸石体积的50%以上，表面积很大，对氨气、硫化氢及水分有很强的吸附力，因而可降低猪舍中

有害气体的浓度。据报道,在猪日粮中添加2%沸石粉可提高饲料转化率3.25%,并降低粪便中的水分含量,减少臭味。

掩蔽型除臭是利用天然芳香油、香料等物质掩蔽恶臭。主要针对难以去除的臭味或者除臭比较麻烦的环境,按比例混合几种有气味的气体,以减轻恶臭。比如在饲粮中添加如茴香、甘草和苍术等有特殊气味的物质,可减少猪舍臭味,增加猪采食量,增强其抵抗力,并促进其生长。

2. 生物除臭

生物除臭是采用生物法通过专门培养在生物滤池内生物填料上的微生物膜对臭气分子进行除臭的生物废气处理技术。生物除臭是20世纪后期发展起来的处理方法,20世纪80年代初各国开始在这一领域开展广泛研究,其中以德国和日本取得的成就最为显著。该方法具有处理效率高、无二次污染、安全性好、所需要的设备简单、操作简便、费用低廉和管理维护方便等优点,已被广泛应用(图5-9)。

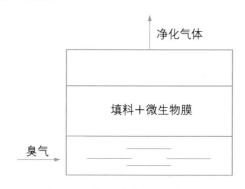

净化气体

填料＋微生物膜

臭气

图5-9 生物过滤法工艺流程

3. 微生态除臭

微生态制剂是指利用正常微生物或促进微生物生长的物质制成的活微生物制剂,即一切能促进正常微生物生长繁殖或抑制致病菌生长繁殖的制剂都称为"微生态制剂"。随着科学研究的深入,大量资料证明死菌体、菌体成分及代谢产物也具有调节微生态失调的功效。目前,微生态除臭已成为一种应用广泛的除臭技术,在畜牧业中广泛应用的有植物乳杆菌、EM制剂和枯草芽孢杆菌等微生态制剂。复合微生物制剂可增加猪消化道内有益微生物的数量,调节体内的微生物生态平衡,防治仔猪下痢,促进生长发育,提高猪的饲料转化率,减少肠道内恶臭物质的产生。据北京市环境保护监测中心对EM制剂除臭效果进行测试的结果表明,生猪饲用复合微生物EM制剂1个月后,猪场恶臭浓度下降了97.7%,臭气强度降至2.5级以下。

4. 植物提取物除臭

饲料中添加丝兰属植物提取物可有效降低有害气体的浓度。因丝兰属植物提取物有两种含铁糖蛋白,能够结合几倍于其分子量的有害气体,故有很强的除臭作用。据报道,在每千克猪饲料中添加商品名为"惠兰宝-30"的丝兰属植物提取液112毫克后,猪舍中氨气浓度下降了34%,硫化氢浓度下降了50%,并提高了猪日增重与饲料转化率。

总之,在使用上述减臭技术的基础上,猪场配以机械通风或自然通风,使空气质量符合表5-3的要求。

表5-3 生猪养殖场空气环境质量

项目	缓冲区	场区	猪舍
氨气/(毫克/米^3)	2	5	25
硫化氢/(毫克/米^3)	1	2	10
二氧化碳/(毫克/米^3)	380	750	1500
可吸入颗粒物（PM$_{10}$）/(毫克/米^3)	0.5	1	1
总悬浮颗粒物（TSP）/(毫克/米^3)	1	2	3
臭气（稀释倍数）	40	50	70

数据来源：DB3305/T 106—2019《规模化生猪养殖场生态治理规程》。

注：表中数值为日均值。

第五节 雨污分离技术

畜禽养殖污水有机物含量高,净化处理难度大,成本高。从源头上控制污水的数量和浓度是无害化处理的基础和根本。

根据生产实践分析,大量的污水是雨污不分形成的,1个万头猪场1年的屋面雨水就有10000吨,因此要切实做好雨污分离,把屋面和路面的雨水引流,避免进入污水沟。在堆粪场、集粪处应设置防雨、防渗设备,防止雨水将畜禽粪便冲入污水池或污染周边环境。

雨污分流是指采用雨污分流工艺,在养殖场外部铺设雨水沟渠（或管道）和养殖污水管道,实现养殖场雨水和养殖污水分流,减少污水总量,便于针对性地处理养殖废水（图5-10）。当前用于城市、住宅小区及垃圾填埋场库区的雨污分流技术已相当成熟,实施雨污分流工艺也逐渐成为生猪养殖场新建和改建的必备条件之一。

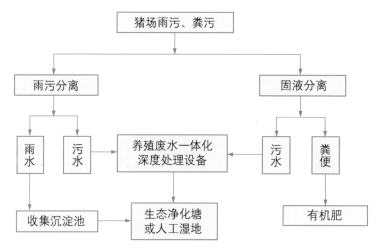

图 5-10　雨污分离、干湿分离及深度净化技术集成

第六节　清粪技术

猪场粪污清理方式主要包括水冲粪、干清粪、水泡粪、生态发酵床等,其各自的工艺特点及优缺点简述如下。

一、水冲粪工艺

水冲粪工艺是20世纪80年代从国外引进的规模化猪场所采用的主要清粪模式。猪排放的粪尿和污水混合进入粪沟,每天数次放水冲洗,粪水顺粪沟流入粪便主干沟或附近的集污池内,用排污泵经管道输送到粪污处理区。这样能及时、有效地清除畜舍内的粪便、尿液,保持畜舍环境卫生,减少粪污清理过程中的劳动力投入,提高养殖场自动化管理水平。该种方法在劳动力缺乏的地区较为适用,但这种清粪工艺耗水量大,以万头养猪场为例,每天需消耗200～250吨水。污染物浓度高,处理难度大,化学需氧量(COD)为11000～13000毫克/升,生化需氧量(BOD)为5000～6000毫克/升。经固液分离出的固体部分养分含量低,肥料价值低,所以此种清粪工艺在大多数地区已被淘汰。

二、干清粪工艺

干清粪工艺的主要方法是粪尿一经产生便粪尿分流,干粪由机械或人工收集、清扫、运走,尿及冲洗水则从下水道流出,分别进行处理。这样能及时、有效地清除畜舍内的粪便、尿液,保持畜舍环境卫生,充分利用劳动力资源丰富的优势,减少粪污清理过程中的用水、用电量,保存固体粪便中的营养物质,提高有机肥肥效,降低后续粪尿的处理成本。现在规模化猪场常见的干清粪工艺主要是机械化清粪,包括铲式清粪和刮板清粪。该工艺能减轻劳动强度,节约劳动力,提高工效。其缺点是投资较大,故障发生率较高,维护费用及运行费用较高。

三、水泡粪工艺

水泡粪工艺是在水冲粪工艺的基础上改造而来的,在猪舍内的排粪沟中注入一定量的水,将粪尿、冲洗和饲养管理用水一并排入漏缝地板下的粪沟中,储存一定时间后(一般为1~2个月),待粪沟装满后,打开出口的闸门,将沟中粪污排出,流入粪便主干沟或经过虹吸管道,进入地下贮粪池或用泵抽吸到地面贮粪池。这种清粪工艺可保持猪舍内的环境清洁,有利于动物健康,而且劳动强度小,劳动效率高,比水冲粪工艺节约用水。但由于粪便长时间在猪舍中停留,形成厌氧发酵,会产生大量的有害气体,如硫化氢(H_2S)、甲烷(CH_4)等,恶化舍内空气环境,危及动物和饲养人员的健康,需要配置相应的通风设施和除臭气装置。同时,经固液分离后的污水处理难度大,固体部分养分含量低。

四、生态发酵床工艺

生态发酵床工艺是指综合利用微生物学、生态学、发酵工程学、热力学原理,以活性功能微生物作为物质能量"转换中枢"的一种生态养殖模式(图5-11)。该技术的核心在于利用活性强大的有益微生物复合菌群,长期、持续和稳定地将动物粪尿废弃物转化为有用物质与能量,同时将畜禽粪尿完全降解,实现无污染、零排放的目标,是当今国际上最新的生态环保型养殖模式。生态发酵床工艺可节约清粪设备需要的水电费用,节约取暖费用,松软的地面能够满足猪的拱食习惯,有利于猪只的身心健康。但粪便需要人工填埋,物料需要定期翻倒,劳动量大,且温度、湿度不易控制,生产成本提高。

发酵床养殖技术原理与农田有机肥被分解的原理基本一致,关键是垫料碳氮比与发酵微生物的选择,其技术核心在于发酵床的建设和管理,该工艺适合不同规模的畜禽养殖场。

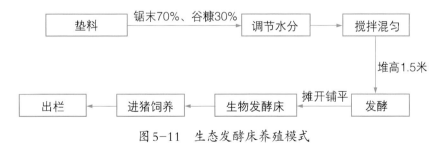

图5-11　生态发酵床养殖模式

不同清粪工艺耗水量、耗电量、人工、维护费用、投资、粪污后处理难易程度及舍内环境的对比见表5-4:

表5-4　不同清粪工艺比较

清粪工艺	耗水量	耗电量	人工	设备维护费用	投资	粪污后处理难易程度	舍内环境
人工干清粪	少	少	多	少	少	易	中
机械干清粪	少	多	中	多	多	易	中
水冲粪	多	少	少	少	中	难	好
水泡粪	中	中	少	少	多	难	差
生态发酵床	少	少	多	多	中	易	中

　　总之,一个规模化生猪养殖场通过环保型饲料技术、分阶段精准饲喂技术、节水饲养技术、减臭技术及清粪技术等综合实施,实现废弃物减量化,粪污治理水平将达到如下标准,见表5-5。

表5-5　规模化生猪养殖场粪污治理标准

控制项目		最高允许排放量
猪场污水每日最高排放量（存栏100头）		夏季:3.5立方米,冬季:2.5立方米,春、秋季:3.0立方米
猪场污水最高日均允许排放浓度	五日生化需氧量	150毫克/升
	化学需氧量	400毫克/升
	悬浮物	200毫克/升
	氨氮	80毫克/升
	总磷（以磷计）	8.0毫克/升
	粪大肠菌群数	1000个/100毫升
	蛔虫卵	2.0个/升
	臭气浓度（无量纲）	70

　　数据来源：GB 18596—2001《畜禽养殖业污染物排放标准》。

第六章 废弃物无害化处理

第一节 粪污沼气处理

沼气工程的建设,能实现粪污变成沼气、沼液和沼渣的转换,这些无公害能源被广泛应用于发电、农作物种植等方面,提升了猪场的经济效益。沼气工程工艺技术分三个部分,即原料预处理、厌氧消化和"三沼"(包括沼气、沼液和沼渣)利用。其设备、设施分为预处理单元,沼气发酵单元,沼气净化、储存、利用单元以及沼液、沼渣利用单元。

一、预处理单元

原料的预处理过程主要是去除原料中的杂物,并调节料液的浓度,使之满足发酵条件的要求,减少浮渣和沉沙进入消化器(图6-1)。

从猪舍排出的粪便污水经过粪沟后进入集粪池。由于粪渣、残留饲料等悬浮物很容易腐化,影响了固液分离效果,因此粪污在集粪池停留时间不能太长,必须及时进行固液分离。集粪池直径或边长为2.0～3.0米,深2.5～3.0米。集粪池中安装搅拌机,以免固态物质沉入池底,同时须安装潜污泵,将粪污泵入固液分离机。污物经过格栅后,可去除其中的大分子悬浮颗粒。

二、沼气发酵单元

沼气发酵是在无氧条件下,通过微生物将复杂的有机物分解为简单的化合物,最终生成沼气的过程。

饲养规模不大的专业户养猪场,粪污处理一般采用地下水压式沼气池,单个沼气池的容积应不超过200立方米。对于容积超过200立方米的地下水压

粪污收集池

固液分离机

干湿分离后污水收集池

图6-1 粪污预处理单元

式沼气池,可以采用2～4个沼气发酵单元(池)串联,并根据猪场及粪污处理规模来组合(图6-2)。对于容积大于300立方米的沼气池,特别是粪污全部进入沼气池的情况下,为了便于清理残渣和提高处理效率,宜采用地上式沼气发酵罐。

图6-2　沼气发酵装置

三、沼气净化、储存、利用单元

产生的沼气若不立即被用掉,可置于湿式储气柜或者双膜干式储气柜内进行储存。湿式储气柜有焊接钢结构和钢丝网混凝土结构,压力稳定,不需动力,运行管理简单,其缺点是造价较高,且北方冬季须防冻,较适合南方地区沼气集中供气时采用。双膜干式储气柜有2层储气膜,沼气储存在内膜里,内膜与外膜之间是空气,外膜主要用于定型和保护内膜。双膜干式储气柜造价较低,且北方冬季不用防冻,但是储存压力低,须靠动力加压输送,适合北方地区使用或者用于发电工程。

沼气中除含有气体燃料甲烷和惰性气体二氧化碳外,还含有硫化氢和其他极少量的气体。硫化氢具有毒性以及很强的腐蚀性,易引起沼气发动机和沼气炉的腐蚀,影响其使用寿命,因此新生成的沼气须脱硫处理。

沼气作为绿色能源,每立方米沼气可替代0.714千克标煤。其用于发电是生物能转换为更高能源的表现,每立方米沼气可发电1.5～2.0千瓦·时。目前沼气的利用途径已从传统的照明、做饭发展到发电、集中供气、提纯制取天然气以及车用燃料等。

四、沼液、沼渣利用单元

沼液的后处理有两种主要形式,一种是在沼气工程的厌氧出水进入贮液池后,可作为液态有机肥用于蔬菜、果木和花卉;另一种是在厌氧出水进一步处理后,达标排放或还田利用。

沼渣、沼液分离一般采用螺旋回转滚筒式固液分离机,其结构比较简单,运转中耗能不多,固形物去除率为15%～40%,固形物含水率为65%～75%。进行固液分离后的沼渣可以作基肥,而沼液则用于喷施和灌溉农作物。根据植物、土壤等需要的养分进行水肥配置,即可替代部分化肥和农药,形成良好的农业生态循环经济模式(图6-3),既可降低猪场的排污成本,防止环境污染,又可增加农作物产量,提高农作物的质量。

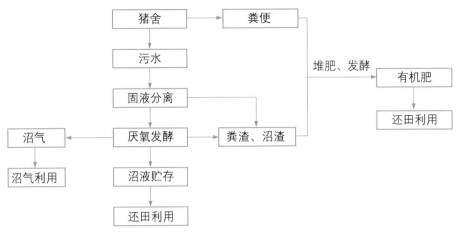

图6-3　沼气工程循环利用模式

第二节　病死猪处理

病死猪体内存在大量的病原微生物,是疫病传播和扩散的重要传染源,不仅对养猪业带来重大的经济损失,还会严重威胁人畜健康,故应对病死猪进行安全、有效的处理。在实际应用过程中,无害化处理的方法主要有深埋处理、堆肥处理、发酵法、焚烧法、化制法等。

一、深埋处理

掩埋地点应选择离住宅、道路、河流等较远的地方,地下水位要低,土质干燥。深埋坑大小依据病死猪的多少而定,坑壁应垂直。在坑底及尸体上撒漂白粉,覆盖土层厚度不少于1.5米,掩埋尸体的覆土上部及周围用2%～3%的氢氧化钠溶液喷洒。此法操作简单、方便,在实际中常用,但也存在弊端,主要是由于消毒不严,病原体杀灭不够彻底,常会留下疫情隐患,如某些芽孢杆菌几十年后仍有传染性,同时占地大、选址困难。

二、堆肥处理

用堆肥系统处理病死猪不但可有效降低处理成本,控制环境污染,并且堆肥制品直接还田,可提高肥力,改良土壤。以病死猪尸体为氮源,稻壳和锯末等辅料为碳源,通过添加微生物菌种将病死猪尸体进行好氧（氧的含量维持在10%）堆制发酵分解，在此过程中产生大量的热，使垫料内部保持70～80℃的高温，在1～3个月持续的高温和垫料有益微生物等的共同作用下，抑制和杀灭病原微生物，最后作为有机肥还田利用。

三、发酵法

生物发酵法是利用生物热将尸体发酵分解以达到消毒的目的。用沼气池无害化处理病死猪，可将病死猪尸体、死胎或胎衣等投入沼气池内，通过厌氧发酵产生沼气作为能源利用。其优点是省时省力，降低成本，节约能源，利于生态环保。

四、焚烧法

焚烧法是将整个猪尸体或丢弃的病变部分和内脏等废弃物投入焚烧炉（图6-4）中烧毁炭化，是销毁尸体最彻底的方法。此法可将患传染病的动物尸体或病变部分彻底焚烧，无害化程度高。其缺点是在焚烧过程中会产生异味和有害气体，造成空气污染。

图6-4　焚烧炉

五、化制法

化制法是指在密闭的高压容器内，通过向容器夹层或容器内导入高温饱和蒸汽，在干热、高压或高温、高压的作用下，处理动物尸体及相关动物产品的方法。通常将病死猪尸体用密封的尸体袋包装消毒后密封运至化制处，投入专用湿化机或化制机（图6-5）进行化制，化制后形成肥料等有用资源。化制的原料不仅仅局限于病死猪，还包括从畜牧场、屠宰场、肉品或食品加工厂和传统市场产生的下脚料。

化制法分为干化和湿化两种。干化法原理：将病死猪尸体投入化制机内，运用干热与高压的作用而达到化制的目的，此法中热蒸汽不直接接触化制的病死猪尸体，而是循环于夹层之中。湿化法原理：利用高压饱和蒸汽直接与病死猪尸体接触，当蒸汽遇到病死猪尸体而凝结为水时，释放大量热能，可使尸体内油脂融化、蛋白质凝固，同时借助于高温与高压，将病原体完全杀灭。

图6-5　化制机(左)和湿化机(右)

尽管化制法工序较为繁杂,但目前化制法仍是处理病死猪尸体较环保且有经济价值的一种方法。一方面,它将病死猪回收减量、再利用,创造高经济价值;另一方面,它可有效减少病死猪流入市场的风险,增强消费信心,创造高社会价值。

第三节　生物发酵床技术

近年来,利用生物发酵床养殖技术控制和降低畜禽养殖业对环境的污染得到了较为广泛的研究和应用。生物发酵床养猪的技术核心是发酵床的建造,目前主要有原位发酵床、立体发酵床和异位发酵床三种模式。发酵床所用垫料主要是锯末、粉碎的农作物秸秆和谷壳等,添加一定比例的微生物制剂,并洒上适量水让微生物与垫料混合,垫料内所含的微生物可将生猪排出的粪尿吸收、利用和转化。大量实践证明,生物发酵床养殖技术可以明显改善猪舍的环境卫生状况,降低粪污对周边环境的污染,提高生猪的生长性能及养殖业的经济效益等。发酵床垫料使用一定时间后,可作为有机肥用于农作物种植。

一、原位发酵床

在原建猪舍的基础上稍加改造,将木屑、谷壳、米糠等按比例混合,并添加益生菌作为猪舍垫料,垫料内所含的微生物可将生猪排出的粪尿吸收、利用和转化(图6-6)。日常只需要对猪舍垫料进行常规管理,免冲水,免清扫,零排放。

图6-6　原位发酵床

二、立体发酵床

立体发酵床（图6-7）是指在生猪圈舍内铺设一层高于地面2米左右的铸铁或水泥材质的高床漏粪板，高床漏粪板正下方地面上铺设一定厚度的垫料（锯末、稻壳、米糠等），生猪直接生活在高床漏粪板上，猪只排出粪尿后，粪便由猪自行踩踏经漏粪板掉入发酵床，利用自然界和人工补充的有益微生物发酵猪舍垫料，达到吸收、利用和转化猪粪尿的目的。栏舍干净整洁，没有粪臭味，是一种无需人工清粪的生态环保养殖模式。

图6-7　立体发酵床

三、异位发酵床

异位发酵床（图6-8）是发酵床与畜禽养殖分离后对养殖废弃物进行处理的模式。应用到生猪养殖场中，可以针对性地处理生猪养殖场废水，无需改造或拆建猪场，只在猪场地势较低处建设发酵槽，将粪污均匀地喷洒在发酵床上，用翻耙机进行翻动，通过微生物发酵来降解污染物，实现零排放，又能获得生物有机肥。

图6-8　异位发酵床

微生物异位发酵是结合原位发酵养殖技术及好氧堆肥技术演化而来的，是一种新型的粪污处理技术，其技术关键点为将新鲜的粪尿由喷淋机搅拌之后喷淋在垫料中，由垫料中事先加入的特殊耐高温微生物菌种将其分解，将粪污最终转化为 H_2O、CO_2、有机化合物和少量的NH_3,并伴随着热能的散失完成粪污分解、消纳的过程。其主要工艺流程为:栏舍内的粪污通过雨污分离、粪尿收集、调节均质、粪污发酵、终端粪污垫料肥料化,实现粪污零排放和资源化处理(图6-9)。

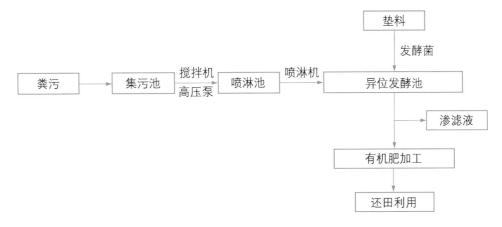

图6-9 异位发酵床工艺流程

第四节　粪污有机肥利用

粪污有机肥(图6-10)可以改善土壤结构,增加土壤的透气性和透水能力,而且含有植物生长所需要的各种元素和丰富的矿物质,是一种全能肥料,在提高农作物产量和质量的同时减少了对环境的污染,既具有无污染、无公害、肥效持久、壮苗抗病、改良土壤,提高产量,改善品质等诸多优点,又能克服大量使用化肥、农药带来的环境污染、生态破坏、土壤地力下降等问题。

图6-10 粪污有机肥

一、粪污有机肥的主要用途

1. 作基肥施用

粪污有机肥养分释放慢、肥效长,可作为基肥,施用于种植密度较大的农作物田地,其施用方法主要有两种:一是全层施用,将有机肥料在翻地时撒在地表,随着翻地将肥料全面耕入土中;二是集中施用,根据作物根系生长与有机肥具体情况,将有机肥撒在距定植穴一定距离的位置或根系伸展部位,以便逐渐地、充分地发挥肥效。

2. 作追肥施用

追肥是为满足作物生长过程中对养分的阶段性需求而采用的施肥方式。腐熟后的粪污有机肥含有大量的速效养分,可作追肥施用。有机肥追施的方法主要有两种:一是土壤深施,一般在根系密集层附近施用有机肥后覆土,以减少养分挥发;二是根外追肥,按照1:10 的质量比例,将有机肥与水混合均匀,静置沉淀后取上清液置于喷雾器内,然后喷洒于作物叶片的正反面,以供叶面吸收利用。

3. 作育苗土施用

育苗营养土要求土壤疏松、透气性好、养分充足、保水与保肥能力强。充分腐熟的粪污有机肥料,所含养分全面且释放均匀,微生物活性高,是育苗土的理想选择。一般用20%有机肥、20%细沙、60%熟化且肥沃的菜园土混匀后过筛,并加入150～300毫克/千克速效氮、200～500毫克/千克五氧化二磷、400～600毫克/千克氧化钾制成育苗营养土。若采用床土育苗,有机肥的撒施量通常为2千克/米^2,结合翻地与15厘米耕层内的土壤混合后播种。不同种类的作物可根据各自的育苗特性,对营养土的配方进行调整。

4. 作营养土施用

果蔬、花卉等特种作物常使用营养土或营养钵栽培,栽培基质一般以蛭石、细土、泥炭、珍珠岩为主要原料,并添加少量化肥。在作物生长过程中,为保持养分的持续供应,可对作物浇灌营养液。为了降低生产成本,可在栽培基质中添加粪污有机肥,每隔一定时间添加1次固体肥料,可替代营养液提供作物生长所需的养分。在作物栽培实践中,营养土配方可根据作物种类、生长特点及需肥规律进行相应的调整。

二、粪污有机肥施用方法

①种施法。机播时,将粪污有机肥与少量化肥混匀,随播种机施入土壤。

②撒施法。深耕或播种时将粪污有机肥均匀地施在常年湿润的土层上和根系集中区域,以达到土肥相融。

③沟施法。根据果树根系伸展情况,在距离果树一定距离的地方开条状沟、环状沟或放射状沟施肥,施肥后覆土。

④穴施法。点播或移栽作物时,先将粪污有机肥施入播种穴,然后播种或移栽。

⑤盖种肥法。开沟播种后,在种子上面均匀地施用粪污有机肥。

⑥拌种法。对大粒作物种子,用4千克粪污有机肥与亩用种子量拌匀后一起播入土壤;对小粒作物种子,用1千克粪污有机肥与亩用种子量拌匀后一起播入土壤。

⑦蘸根法。对移栽作物,如水稻、西红柿等,按粪污有机肥∶水为1∶5的比例配成浑浊液,浸蘸种苗根部之后定植。

三、粪污有机肥施用量

粪污有机肥施用量参考商品有机肥的常规施用量,粪污有机肥作为基肥在不同农作物上的施用量如下:

①设施果蔬:西瓜、草莓、辣椒、西红柿、黄瓜等,每季施用4.50～7.50吨/公顷。

②露地瓜菜:西瓜、黄瓜、土豆、毛豆及葱蒜类等,每季施用4.50～6.00吨/公顷;青菜等叶菜类,每季施用3.00～4.50吨/公顷;莲子每季施用7.50～11.25吨/公顷。

③粮食作物:小麦、水稻、玉米等,每季施用3.00～3.75吨/公顷。

④油料作物:油菜、花生、大豆等,每季施用4.50～7.50吨/公顷。

⑤特种作物:果树、茶叶、花卉、桑树等,每季施用7.50～11.25吨/公顷;新苗木基地在育苗前基施11.25～15.00吨/公顷。

⑥新平整后的生土田块:为逐渐提高新平整后的生土田块土壤肥力,建议3～5年内每年增施11.25～15.00吨/公顷。

四、粪污有机肥施用的注意事项

①粪污有机肥须在充分腐熟发酵后才能施用。粪污等有机原料经过发酵后,可均衡原料的酸性,减少硝酸盐含量,杀灭病原菌、寄生虫卵等,降低作物病害的发生率。粪污有机肥料充分腐熟后,养分转化率高,可避免二次腐熟烧根、烧苗现象的发生。

②粪污有机肥尽量作为基(底)肥深耕后施用。尽量将有机肥深施或盖入土里,少采用地表撒施肥料的方式,避免浪费肥料和污染环境。苗期基肥要深施或早施,并控制氮肥的施用量。施肥需要遵循作物的生长营养需求规律,对一般生长期短的作物可作基(底)肥一次性施入。

③粪污有机肥作为追肥时,与化肥相比应提前几天施用,必要时添加适量化肥以补充

养分。合理分配基肥与追肥比例,地温低时,可适当提高基肥的比例;地温高时,基肥用量不宜过多,否则会造成肥料过度分解,导致作物徒长。有机肥作为追肥施用时,须及时浇足水分,避免出现烧苗现象。

④粪污有机肥的长效性不能代替化学肥料的速效性,须根据不同作物和土壤,配合尿素、磷肥或其他配方肥等施用,才能取得最佳效果。生物有机肥还可与腐植酸有机肥配合施用,能够改良土壤,增强土壤固氮、解磷、解钾的能力,提高肥料利用率,增强作物抗旱、抗早衰和抗病虫害能力,产生节本增收的效果。

⑤在高温季节,旱地施粪污有机肥应适当减少施用量,防止烧苗。粪污生物有机肥一般呈碱性,在喜酸作物上使用时需要注意施用量及适应性。

第五节　沼液资源化利用

沼液是沼气厌氧发酵后的产物,是一种多元的优质速效复合肥,含有丰富的氮、磷、钾基本营养元素。氮、磷、钾是速效养分,其速效营养能力强,养分可利用率高,能迅速被作物吸收利用,不但能提高作物的产量和品质,而且具有防病抗逆的作用,是一种优质的有机液体肥料。长期施用沼液能促进土壤团粒结构的形成,增强土壤保水、保肥能力,改善土壤的理化性状,提高土壤肥力,同时能够解决农业废弃物的污染问题,降低了农产品的生产成本。

一、沼液储存

沼液的还原性较强,刚排出时就施用会与作物争夺土壤中的氧气,影响种子发芽和根系发育,有时会使幼苗枯黄。另外,沼液每天都在产生,而施肥却有季节性。因此,沼液应该先贮存一段时间后再施用。沼液储存池(图6-11)的总有效容积应根据储存期确定,一般不得小于30天排放沼液、沼渣的总量。

图6-11　沼液储存池

站内沼液储存池：沼液一般在沼气站内存放10天左右。站内沼液储存池形状根据场地决定，池深2.5～3.0米。

田间沼液储存池：为了便于沼液的施用，一般需要在田间设置沼液储存池，田间沼液储存池容积为100立方米左右。

二、沼液在种植业中的应用

1. 沼液浸种

腐熟的沼液中含有作物种子所需的多种养分，如氮、磷、钾、铜、铁、镁、锌以及氨基酸（赖氨酸、色氨酸等）、维生素、生长素、微生物分泌的活性物质等。在浸种过程中，氮、磷、钾等营养元素不同程度地被种子吸收，为种子发芽和幼苗生长提供营养。沼液含有的钙、铁、铜、锌、锰等多种微量元素，浸透到种子的细胞中，加速种子从休眠、萌芽至成苗过程中的养分转化，促使其早发芽。沼液中含有的各种氨基酸、生长素、赤霉素、水解酸、腐殖酸、B族维生素等物质，能激活种子细胞内酶的活性，促进胚细胞生长，同时还能消灭种子表面的病原微生物，增强种子的抗病能力。沼液浸种后不仅提高种子的发芽率、成秧率，促进种子的生理代谢，提高秧苗素质，使其扎根快，而且秧苗体内的自由水含量少，束缚水、淀粉和可溶性糖含量高，有较好的抗寒作用。

2. 沼液灌溉

沼液灌溉农田和果园，不仅可以充分利用沼液中的多种微生物、作物生长的刺激因子、营养物质以及水资源，同时大大减少了后处理的费用（图6-12）。沼液含有较多的可溶性养分，易被作物吸收利用，所以一般作追肥，追肥可采用漫灌、滴灌和液面喷施。

图6-12　沼液灌溉系统

3. 沼液叶面喷施

沼液叶面喷施以后，沼液中所含的厌氧微生物的代谢产物，特别是其中的铁、铜、锰、锌等微量元素以及多种生物活性物质，能够迅速被植株吸收利用，并有效调节作物生长代谢，为作物提供营养，抑制某些病虫害。

沼液一般有以下几种喷施方式:一是纯沼液喷施,对于长势较差的作物和正处于生长期的作物,应当喷施纯沼液;二是稀释沼液喷施;三是沼液配合农药、化肥喷施。当沼液对某种病虫害难以产生效果的时候,应当加入专用农药以控制病虫害。如果作物对营养需求大,单凭借沼液的养分难以满足作物需求,此时就应该加入一些化肥成分,促进作物的发育和结实。沼液喷洒叶面可以杀灭蚜虫,防止病虫害,在柑橘、棉花、茶叶、西瓜、葡萄等作物上喷洒使用,增产效果都很好。使用沼液作营养液时,发酵液的营养成分随发酵原料的不同而有所差异。使用时,应根据营养成分的分析结果,结合作物的营养需求,补充适量的营养元素,最后用98%磷酸调节沼液pH到微酸性才能使用。

三、沼液在使用中需要注意的问题

1. 沼液的卫生使用

沼液作为一种自制型的有机肥,没有经过任何的加工处理,施用之后会引来大量苍蝇、蚊虫,不仅不卫生,而且会产生二次污染,所以沼液在大量使用的时候一定要加强卫生管理,必要时要进行除臭。

2. 沼液的施用量

沼液虽然是一种优质的有机肥料,但是成分及含量因投料种类、投料量、加水量的不同而有很大的差别,有些用于沼液发酵的农业废弃物,如猪场的粪污经过消毒处理后会含有较多药物。因此,沼液在用于农作物生产时应该因地制宜,根据实际情况决定沼液施肥量。

3. 生态安全性

沼液虽然养分全面,但是养分含量较低,尤其是氮、磷、钾含量远不能满足作物生产的需要,最好能与一定量的化肥配合施用,可望达到高产、优质的目的。直接灌溉用量大,长期使用对土壤性质会产生影响,尤其是重金属和其他有害物的问题值得注意和研究。

第七章 猪舍建造与设施

第一节 厂址选择与布局

猪的正常生活与周围环境密切相关,养猪环境是指猪生存的某一特定环境中影响它们生长、发育的条件,如猪舍温度、湿度、空气的组成、空气的流动状态、光照、声音、灰尘、微生物等,这些环境因素常常是相互关联、相互作用的,其变化会影响猪的新陈代谢,直接制约猪的健康状况和生产水平。因此,猪场的厂址选择应根据猪场的性质、规模和任务,考虑地形、地势、水源、土壤、当地气候等自然条件,同时还应考虑饲料及能源供应、交通运输、产品销售、与周围工厂的距离、与当地居民点及其他畜牧场的距离、当地农业生产、猪场粪污处理等社会条件,综合分析后再做决定。

一、厂址选择

1. 地形地势

猪场一般要求地形整齐、开阔,地势较高、干燥、平坦或者有缓坡,缓坡不应大于25°,背风向阳。猪场生产区面积一般可按繁殖母猪每头45～50平方米或上市商品肥育猪每头3～4平方米考虑。

2. 地理位置

猪场必须位于居民区主风向下游或偏风向的地方,以防猪场气味扩散、废水排放和粪肥堆置而污染周围环境(图7-1)。

图7-1 猪场地理位置分布图

3. 周围环境与交通情况

猪场必须选在交通便利、供电稳定的地方,粪污能就地处理或利用,利于防疫。一般远离铁路、公路、城镇、居民区和公共场所,距铁路、国家一级和二级公路应不少于500米,距三级公路应不少于200米,距四级公路应不少于100米,距屠宰场、畜产品加工厂、垃圾及污水处理场、风景旅游区2000米以上。禁止在旅游区、自然保护区、水源保护区和环境污染严重的地区建场。

一般猪场与居民点间的距离应不少于500米,大型猪场如万头猪场应不少于1000米;与其他畜禽场间的距离,距一般畜禽场应不少于300米,距大型畜禽场应不少于1500米。

4. 水源水质

猪场水源要求水量充足,水质良好,便于取用和进行卫生防护,水质符合NY 5027—2008《畜禽饮用水水质》的要求。水源水量必须能满足场内生活用水、猪只饮用及饲养管理用水(如冲洗猪舍,清洗、调制饲料等)的要求。一般条件下,猪每消耗1千克干饲料需用水2~5升,或每100千克体重每天消耗水7~20升。猪群需水标准见表7-1。

表7-1　猪群需水标准

类别	总需水量/[升/(头·天)]	饮用水量/[升/(头·天)]
种公猪	25~40	10
空怀及妊娠母猪	25~40	12
带仔母猪	60~75	20
断奶仔猪	5	2
育成猪	15	6
肥育猪	15~25	6

二、场区分布

标准化猪场一般可以分为四个功能区,即生产区、生产管理区、隔离区和生活区。为便于防疫和安全生产,应根据当地全年主风向和厂址地势,按顺序安排以上各区。生产区按夏季主导风向布置在生活区和生产管理区的下风向或侧风向处,隔离区应位于厂区常年主导风向的下风向及地势较低处。生产区与生产管理区之间的防疫距离应不少于50米。各区之间用绿化带或围墙隔离。

1. 生产区

生产区包括各类猪舍和生产设施。猪舍应坐北朝南,猪舍之间相距10~12米,有利于猪舍的通风换气并且具有一定的隔离作用。猪舍按生产工艺流程排列顺序依次为配种猪舍、妊娠猪舍、分娩哺乳猪舍、保育猪舍和生长肥育猪舍。在生产区的入口处,应设立专门的消毒间或消毒池,以便进入生产区的人员和车辆进行严格的消毒。

2. 生产管理区

生产管理区包括猪场生产管理必需的附属建筑物,如饲料加工车间、饲料贮存库、锅炉房、修理车间、变电所、办公室等,它们和日常的饲养工作有密切的关系,距离生产区不宜太远。在地势上,管理区应高于生产区,并在其上风向或者偏风向。

3. 隔离区

隔离区包括兽医室、隔离猪舍、尸体解剖室、病死猪处理间、粪污贮存和处理区。隔离区应设在整个猪场的下风向和地势较低的地方。兽医室可靠近生产区,病猪隔离间等其他设施要远离生产区。

4. 生活区

生活区是管理人员和家属日常生活的地方,包括办公室、接待室、财务室、食堂、宿舍等,应设置在生产区的上风向或者偏风向。

5. 其他配套设施(包括道路绿化等)

场内道路应净、污分道,互不交叉,出入口分开。净道的功能是供人们行走和运输饲料等产品,污道为运输粪便、病猪和废弃设备的专用道。绿化不仅美化环境,净化空气,也可以防暑、防寒,改善猪场的小气候,同时还可以减弱噪声,保证安全生产。

第二节　栏舍设计

猪舍是猪场的核心部分,为猪群的繁殖、生长发育提供良好的环境,是获得高利润的前提。不同性别、不同饲养和生理阶段的猪对环境及设备的要求不同,设计猪舍内部结构时应根据猪的生理特点和生物习性,合理布置猪栏、走道,合理组织饲料、粪便运输路线,结合当地实际情况和气候地理条件,选用适宜的生产工艺和饲养管理方式,充分发挥猪只的生产潜力,同时提高饲养管理工作者的劳动效率。

一、猪舍的形式

猪舍按屋顶形式可分为单坡式、双坡式等;按墙的结构和有无窗户,可分为开放式、半开放式和封闭式；按猪栏排列可分为单列式、双列式和多列式。以下简要介绍按猪栏排列分类的猪舍形式。

①猪栏一字排列，一般靠北墙设饲喂走道，舍外可设或不设运动场，跨度较小，结构简单，省工省料，造价低，但不适合机械化作业。

②猪栏排成两列，中间设一条走道，有的还在两边设清粪道。猪舍建筑面积利用率高，保温好，管理方便，便于使用机械。但北侧采光差，舍内潮湿。

③猪栏排成三列及以上，猪舍建筑面积利用率更高，容纳猪数量多，保温性好，运输路线短，管理方便。但舍内阴暗潮湿，通风不畅，必须辅以机械或人工控制其通风、光照及温度、湿度。

安排猪舍时要考虑猪群生产需要。公猪舍应建在猪场的上风区，既与母猪舍相邻，又要保持一定的距离。哺乳母猪舍、妊娠母猪舍、育成猪舍、后备猪舍要建在距离猪场大门稍近一些的地方，以便于运输。猪舍过于密集，易导致环境污染及猪群间相互传染疾病。猪舍之间的距离应在8米以上，每幢猪舍之间可种植速生、高大的落叶树。场区绿化要考虑树干高低和树冠大小，要防止夏天挡风、冬天遮阳。

二、猪舍的基本结构

猪舍主要由墙壁、屋顶、地面、门窗、粪污沟、隔栏等构成。

墙壁：要求坚固耐用，保温性好。较理想的墙壁为砖砌墙，要求水泥勾缝，离地0.8～1.0米用水泥抹面。

屋顶：较理想的屋顶为水泥预制平板，并加15～20厘米厚的土以利于保温、防暑。

地面：坚固耐用，渗水良好。较理想的地面是水泥勾缝平砖，其次为夯实的三合土地板。采用水泡粪技术的地面为金属网地面。目前标准化猪场提倡采用水泡粪技术，舍内金属网或水泥漏缝地板下约1.5米深，底部倾斜，在低的一端设有排污管道。

粪污沟：开放式猪舍要求设在前墙外面；全封闭、半封闭猪舍可设在距墙40厘米处，并加盖漏缝地板。粪沟的宽度应根据舍内面积设计，至少为30厘米宽。漏缝地板的缝隙宽度要求不得大于1.5厘米。

门窗：开放式猪舍运动场前墙应设有门，高0.8～1.0米，宽0.6米，要求特别结实，尤其是种猪舍；半封闭式猪舍于运动场隔墙上开门，高0.8米，宽0.6米；全封闭猪舍仅在饲喂通道侧面设门，高0.8～1.0米，宽0.6米。通道的门高1.8米，宽1.0米。无论是哪种猪舍，都应设后窗。开放式、半开放式猪舍的隔墙窗户及全封闭猪舍的前窗要尽量大，下框距地面应为1.1米；全封闭猪舍的后墙窗户可大可小，若条件允许，可装双层玻璃。

猪栏：除通栏猪舍外，一般密闭猪舍内均需建隔栏。隔栏材料一般有砖砌墙（水泥抹面）和钢栅栏两种。纵隔栏应为固定栅栏，横隔栏可为活动栅栏，以便进行舍内面积的调节。

第三节　自动喂料

随着我国养猪场的饲养规模越来越大,饲养过程中的封闭管理、较高的劳动强度和猪舍内恶劣的工作环境导致许多饲养员很难在猪场长期安心工作,人员极不稳定。实践证明,大幅度提高机械化作业程度是解决养猪场用工困难的有效途径和现实出路,特别是采用高效率的自动喂料系统。

自动喂料系统主要由饲料料塔、驱动单元、输送料管、定量杯及喂料器、控制器、传感器和支撑部件等组成(图7-2)。通过饲料运输线将密闭的饲料快速输送到喂料器中,能够做到统一时间自动落料,同步饲喂,可大幅度降低劳动强度,简化猪场管理。

自动喂料系统可以实现全自动操作,减少饲养员的劳动强度,提高猪场的生产效率,具

图7-2　料塔(左)与自动喂料器(右)

有性能稳定、使用可靠、故障率低等良好特点。猪场自动喂料系统不仅节省了人工费用,还具有普通人力喂猪无法比拟的优点,大致体现在以下几个方面:促进猪群健康,降低了猪的应激和疾病发生率,减少应激、流产、器械性损伤;强化防疫体系,整个喂料过程饲料无污染,新鲜的饲料不受猪舍环境影响,稳定工作人员,减少饲养人员流动与更换;保育猪及育成猪采用自动喂料系统可提前出栏10天以上,降低饲养成本,减少饲养人员工作量,降低饲养密度,减少疾病的发生。

第四节　养殖设施设备

一、种公猪舍

种公猪舍(图7-3)多为带运动场的单列式单圈。给公猪设运动场,保证其充足的运动量,可防止公猪过肥、促进身体健康、提高精液品质和延长公猪使用年限。公猪栏一般比母猪栏和肥育猪栏宽,隔栏高度为1.2～1.4米,面积一般为7～9平方米,采用防滑或粗糙的

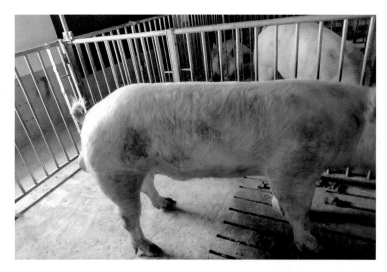

图7-3　种公猪舍

水泥地面及高压水泥砖地面,栅栏材质采用混凝土或金属,便于通风和管理人员观察、操作。

二、配种与妊娠母猪舍

配种与妊娠母猪栏分为限位单体栏(图7-4)和小群母猪栏等类型。一般建议配种和妊娠母猪采用限位单体栏饲养,或配种和妊娠前期的母猪采用小群栏饲养,妊娠后期的母猪采用限位单体栏的饲养方式。限位饲养母猪的主要目的:一是防止流产,二是限制喂料量。

母猪限位单体栏:限位栏的长、宽、高一定要适中,应依据种猪体形而定。一般而言,限位单体栏长2.1米,宽0.6米,高1.0米。建议采用半漏缝水泥地面,地面坡度2°左右。这种饲养方式是将空怀期母猪和妊娠期母猪都放在限位栏中饲养,其优点是每头猪的占地面积小,喂料、观察、管理都较方便,母猪不会因碰撞而导致流产,其缺点是母猪活动受限,运动量少,对母猪分娩有一定影响。

小群母猪栏:一般将3～5头母猪饲养在同一猪栏内,每头母猪所需猪栏面积约2.5平方米,每个猪栏面积7.5～12.5平方米。栏多为单走道双列式分布,结构有实体式、栏栅式等。群栏饲养的优点是克服了单栏饲养母猪活动量不足的缺点,缺点是母猪之间容易发生争斗或碰撞从而导致流产。

图7-4　母猪限位单体栏

三、分娩母猪与哺乳仔猪舍

分娩栏：单栏长2.1米，宽1.8米，中间为母猪栏，高1.1米，宽0.6米。母猪栏两侧为仔猪活动区，栏高0.5米，宽0.45米。为节省使用面积，设计时以两栏为一单元，中间留有保温箱位置，宽0.6米。母猪在单体分娩栏内（图7-5），可以避免压死仔猪，同时也给仔猪提供良好的生长环境，提高仔猪成活率。

四、保育猪舍

刚断奶的仔猪对环境的适应能力差，对疾病的抵抗力较弱，而这段时间又是仔猪生长最迅速的时期，因此，保育猪舍（图7-6）一定要为仔猪提供一个清洁、

图7-5　分娩栏

干燥、温暖、空气新鲜的生长环境。仔猪宜采用全漏缝或部分漏缝地板保育栏饲养，也可采用实体地面保育栏。全漏缝或部分漏缝地板保育栏的栏长度、宽度应根据每头占栏面积、每栏饲养头数（通常为20～50头/栏）及猪舍的长度、跨度而异，一般栏高0.6米，栅栏间隙6厘米，内设食槽（相邻两栏可共用双面食槽）和饮水器。

图7-6　保育猪舍

五、生长肥育猪舍

现代化猪场生长肥育猪均采用大栏群养模式，其结构类似，只是面积稍有差异，栏的长度、宽度因群体大小（通常为20～50头/栏）、地板类型及猪舍的长度、跨度而异，一般平均为每头1平方米。生长猪栏的栏高、栅栏间隙分别为80厘米、8厘米，肥育猪栏的栏高、栅栏间隙分别为90厘米、10厘米，也可采用实体围栏。

生长肥育猪栏（图7-7）采用实体、栅栏等结构。常用的有：采用全金属栅栏和全水泥

图7-7　生长肥育猪栏

漏缝地板,即全金属栅栏架安装在钢筋混凝土板条地面上,相邻两栏在间隔栏处设有1个双面的自动饲槽,供两栏内的生长猪自由采食,每栏安装1个自动饮水器供自由饮水;采用水泥隔墙及金属大门,地面为水泥地面,后部有0.8～1.0米宽的水泥漏缝地板,下面为粪污沟。生长猪栅栏也可全部采用水泥结构,只留1个金属小门。

地面可采用全漏缝地板或部分漏缝地板、实体地面。

六、喂料设备

喂料设备有多种,见图7-8。圆形自动落料饲槽采用较为坚固耐用的不锈钢材质,这与饲料搅拌机的材质相类似,底盘可选用水泥或铸铁浇注,适用于大群体、高密度生长的肥育猪舍。

圆形自动落料饲槽

单边单孔料槽

双孔料槽

三孔料槽

多孔料槽

图7-8　喂料设备

喂料饲槽分为移动饲槽和水泥浇注的固定饲槽，都设置在隔墙或隔栏的下面。饲槽一般设计为长方形，有单孔、双孔、三孔及多孔等几种型号。每头猪所占饲槽的长度应根据猪的生长时间及猪群种类而定，较为规范的大型养猪场都不采用移动饲槽。在集约化、规模化的猪场，限位饲养的泌乳母猪或妊娠母猪的固定饲槽通常固定在限位产床或限位栏上。

七、饮水设备

饮水器不应安装在栏舍的角落。因为猪喜欢在栏舍角落排便，如果饮水器也安装在此，将加快粪便的腐败。理想的安装位置应靠近料槽，同一栏舍内2个饮水器的位置不能相距太远。如果距离太远，将导致其中1个饮水器长期处于停用状态，卫生状况较差，将对猪群健康构成威胁。

目前绝大部分猪场采用鸭嘴式饮水器（图7-9）。这种饮水器开关与水嘴一体，猪只饮水时，咬动开关使开关倾斜，水通过胶垫缝隙沿转嘴尖端流入猪的口腔，饮完水后加压弹簧又使阀杆和胶垫恢复正常位，重新封闭出水孔而停止供水。该饮水器有以下优点：

①节水降成本。当猪嘴碰到杆子时，水就会自动流出，离开时会自动关闭，如同自来水龙头一样。不仅有效节约了水资源，还减少了人工给水量。

②安全卫生。自动饮水器工作可靠，猪饮水时只是将饮水器衔入口中，从而减少水的浪费，杜绝滴漏导致打湿猪舍、滋生细菌等情况发生。

③预防疾病。相比老式水槽，鸭嘴式饮水器更加安全，采用随喝随咬直饮水的方式，减少细菌的传播，保持猪舍的卫生。

图7-9　鸭嘴式饮水器

④方便使用。鸭嘴式饮水器由饮水器体、阀杆、胶垫、加压弹簧组成，结构简单，简便易用，维护方便，适合各种猪舍使用。

八、防暑降温与保暖设备

水帘降温（图7-10）是在猪舍一侧安装水帘，另一侧安装风机，风机向外排风时，从水帘一方进风，空气在通过有水的水帘时，将空气温度降低，这些冷空气进入舍内使舍内空气温度降低。一方面降低了温度，另一方面加强了空气流通。水帘降温有高效节能、健康环保、操作方便、成本较低等优点。

图 7-10　水帘降温

保暖方法：产房仔猪的采暖和保温一般采用保温箱＋红外线灯泡＋发热地板＋麻袋的方式。保育舍仔猪的采暖和保温一般采用保温箱＋发热地板＋红外线灯泡的方式。肥育猪舍和母猪舍的保温较简单，封闭猪舍并采取适度的采暖措施即可，例如设置锅炉、空调等。

九、通风换气设备

猪舍通风换气是控制猪舍环境的一个重要手段。通风换气的目的有两个：一是在气温高的情况下，通过加大气流使猪感到舒适，以缓解高温对猪的不良影响；二是在猪舍封闭的情况下，引进舍外新鲜的空气，排出舍内污浊的空气和湿气，以改善猪舍的空气环境，减少猪舍内空气中的微生物数量。

负压通风是指在相对密闭的空间内，通过排风扇（图 7-11）将空气抽出，形成瞬时负压，室外空气在大气压的作用下通过进气口自动流入室内的通风模式。负压通风投资成本低，风量大，噪声低，耗能小，运行平稳，寿命长，效率高。

图 7-11　猪舍排风扇

第五节　防疫设施设备

猪场的标准化建设有利于动物防疫和环境治理的开展,对于提高养殖经济效益、确保动物源性食品安全、维护公共利益具有十分重要的意义。因此,为了有效控制猪场疫病的发生和流行,猪场必须要设置健全的防疫设施设备。

一、隔离墙

猪场周围应设置围墙与外界隔开,围墙通常为砖墙、围栏网(图7-12)等。

为了防止其他动物进入场内,有效避免外界动物的入侵或对一些常规疾病进行控制,养殖场通常设置高2米以上的砖墙,但其也存在缺点,如通风性差等。

相比之下,围栏网通风性较好且可节省劳动力,但由于不能有效防止一些小动物进入场内,所以在疫病防控方面有一定的局限性。

图7-12　猪场围栏网(左)和砖墙(右)

二、车辆消毒

一般情况下,猪场病原菌除由引进的猪种带入外,就是由售猪和购猪的车辆带入。因此,车辆在进入猪场大门时应接受严格的消毒(图7-13)。一般常见的消毒方式为消毒池消毒、喷雾消毒和消毒房消毒。

第一种为大门无顶的消毒池,池内放3%～4%的氢氧化钠溶液或漂白粉水溶液,每周至少更换1～2次,主要用于通过的车辆消毒。这种消毒池建设成本低,但是易受天气的影响。此外,车辆通过消毒池时仅车轮浸入消毒液,车身并未消毒,易导致消毒不彻底。

第二种为两侧有喷雾的消毒池,除车轮可通过消毒液消毒外,车身的两边也设有喷淋消毒装置,对车辆的消毒效果显著,但是不能对车厢内部进行消毒。此外,大门有顶的消毒池可有效防止天气等因素对消毒池的污染,提高消毒的效果。

第三种为消毒房,将车辆放在一个相对密闭的房间中进行熏蒸消毒,保证了进场物品的完全消毒。

车辆轮胎消毒   车辆整体喷雾消毒

图7-13 车辆消毒

三、人行消毒

为了保证猪场的防疫安全,进入猪场人员需进行严格的消毒。人行消毒方式主要有紫外线消毒、红外线感应喷淋消毒、超声波消毒以及负离子臭氧消毒。

紫外线消毒:直接对照射部位消毒,对人体皮肤损伤较大,多用于物品表面消毒。

红外线感应喷淋消毒:可自动对过往人员进行消毒,使用方便。目前,部分猪场安装了电动超微雾化消毒器(图7-14),可将药液变成细微的气雾,雾量大小可调节,雾滴小而均匀,使药物与人体有更大的接触面积,消毒效果好。

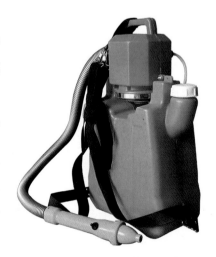

图7-14 电动超微雾化消毒器

超声波消毒:利用超声波将药物雾化,消毒微粒更细,使人员与物品的消毒效果得到保证。

负离子臭氧消毒(图7-15):对空气中和物体表面的微生物具有很强的杀灭作用,能对物品及人员进行有效消毒。同时,负离子减少了人员因消毒产生的不适感。

壁挂式消毒机　　　　　　立式消毒机　　　　　　卧式消毒机

图7-15　负离子臭氧消毒机

四、兽医室消毒

兽医室是防疫消毒的重要窗口,需要配备必要的诊断设备、消毒器具和疫苗储存器具。医疗器械手术刀、针头等在使用前后需进行严格的消毒。注射部位消毒时要避免对疫苗的影响。常用的消毒方式主要有煮沸消毒和高压蒸汽消毒等。此外,干燥箱、超声波清洗机、洗手池等器具(图7-16)也是必须配备的。

煮沸消毒常用于耐蒸煮的注射器及手术器械的消毒,一般要煮沸(水沸后)15～30分钟方可使用。

高压蒸汽消毒多用于对消毒要求较严格的消毒,或适用于耐热、耐潮湿的器具。高压蒸汽灭菌可彻底杀死细菌和芽孢,控制压力为98.088千帕,温度121～126℃,消毒时间为20分钟左右。

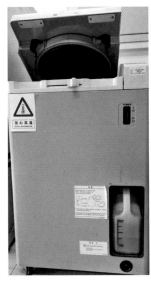

洗手池

高压灭菌锅　　　　　　干燥箱　　　　　　超声波清洗机

图7-16　兽医师常用的消毒设备

常规器具消毒后,一般要放入干燥箱中烘干后使用。

五、猪舍消毒

生产区的入口处应设专门的消毒间,各栋圈舍出入口处应设宽于门、长1.5米以上的消毒池,池内放3%～4%的氢氧化钠溶液或漂白粉水溶液,每周至少更换1～2次,确保对进出的人员进行严格的消毒。猪场工作人员进入生产区前必须更换场内工作服与鞋子,进入消毒室经紫外线照射或采取其他方法严格消毒后方可进入生产区。离岗时将工作服与鞋子留在更衣室,不准带出场外。

猪舍饲养人员必须固定,不准随便串舍,工具及设备必须在本舍内固定使用。随时注意观察猪群的健康状况,经常清理舍内污物,保持良好的卫生,并定期做好消毒工作。

猪舍要定期预防消毒,一般为每年进行2次(春、秋各1次)。此外,每周需进行1～2次带猪消毒,疫情频发季节可增加到每周3次。常用的消毒药物有0.2%～0.3%过氧乙酸溶液、0.2%次氯酸钠溶液、0.1%新洁尔灭溶液等。为减少对工作人员的刺激,在消毒时可佩戴口罩。每批猪调出后需要彻底清扫猪舍,再用高压水枪冲洗,然后进行喷雾或熏蒸消毒(图7-17)。

定期对保温箱、料槽、饲料车、料箱等进行消毒。一般先将用具冲洗干净,然后用0.1%新洁尔灭溶液或0.2%～0.5%过氧乙酸溶液消毒,然后在密闭的室内进行熏蒸。

图7-17 高压水枪消毒机(左)与高压水枪冲洗消毒(右)

六、水源消毒

水源是影响猪只健康的重要因素之一,必须进行消毒处理。许多动物传染病的发生都是经水传播的,饮用水中的病原微生物超标很容易导致猪只患上痢疾、腹泻、非洲猪瘟等疾病,因此,做好猪场饮用水的消毒对提升养猪企业的经济效益、预防疾病的发生、控制疫情的传播具有重要的意义。

　　常规的水源消毒多采用化学消毒法,主要包括氯消毒法、碘消毒法、溴消毒法、臭氧消毒法(图7-18)和二氧化氯消毒法(图7-19)等,其中臭氧消毒法和二氧化氯消毒法较先进,氯消毒法使用最广泛。原则上,猪饮用水与人饮用水对卫生安全指标的要求是一致的。GB 5749—2006《生活饮用水卫生标准》中水质常规指标要求为:菌落总数≤100 cfu/毫升,总大肠菌群不得检出。由于我国主要采用氯消毒法,因此该标准中对氯消毒的指标也做了专门规定:游离余氯在与水接触30分钟后应不低于0.3毫克/升,管网末梢水中游离余氯应不低于0.05毫克/升。

图7-18　臭氧发生器　　　　图7-19　二氧化氯发生器

七、废弃物消毒

　　猪场的废弃物如尸体、粪便及一些污染物等必须及时合理处理,避免造成安全隐患。目前对废弃物的处理方法多为掩埋法、焚烧法及发酵法等。

1. 掩埋法

　　掩埋法大多适用于非烈性传染病物品及发生重大疫情时紧急扑杀大量病猪的处理。掩埋地点应选择离住宅、道路、河流等较远的地方,地下水位要低,土质干燥。其优点是不需投资专门的设备,操作简单;其缺点是易对地表土壤和地下水产生二次污染。

2. 焚烧法

　　焚烧法适用于被病原微生物污染的粪便、垫草、剩余的饲料及尸体等废物。焚烧处理的优点是可把患过传染病的死猪尸体或割除下来的病变部分和内脏投入焚烧炉(图7-20)

内烧成灰烬,无害化程度高,处理迅速;其缺点是焚烧过程易产生异味和有害气体,造成空气污染。

图7-20 焚烧炉

3. 发酵法

发酵法是利用微生物通过发酵处理设备(图7-21)将污染物进行发酵分解,产生热量,可有效杀死病毒、细菌和寄生虫从而达到无害化处理效果的方法。

图7-21 发酵处理设备

需要引起重视的是,为深入贯彻落实《浙江省人民政府办公厅关于推进生猪产业高质量发展的意见》(浙政办发〔2019〕52号)精神,加快推进全省生猪产业标准化、绿色化、规模化、循环化、数字化、基地化建设的高质量发展,今后将建猪场的建设和管理还应遵照由浙江省畜牧农机发展中心组织制定的《浙江省万头以上规模猪场建设指南(暂行)》和《生猪产业高质量发展"六化"规范(暂行)》严格执行。

第八章　猪的福利

第一节　哺乳仔猪的福利问题与改善

一、哺乳仔猪的福利问题

1. 环境贫瘠

大部分猪场实行集约化、规模化养殖，一般不会在栏圈中添加可供仔猪玩耍的福利设施。仔猪在3周龄左右开始尝试进食固体食物，福利玩具可以增加其玩耍、啃咬等天性行为的表达，从而减少由仔猪攻击行为引起的损伤。研究发现，动物长时间处于单调、贫瘠的环境中（图8-1）会产生应激反应，降低饲料转化率。缺乏福利玩具会导致哺乳仔猪烦躁不安，增加打斗、咬栏等异常行为，甚至转而嚼咬母猪身体，引发母猪的不适和愤怒。

图8-1　仔猪饲养环境贫瘠

2. 过早断奶

我国规模化养猪场为了提高母猪的繁殖效率，一般在仔猪3～4周龄就将母猪与仔猪分隔。断奶本身对仔猪来说是一个应激，饮食改变会影响仔猪的消化系统，再加上环境、心理等多方面因素，导致断奶仔猪应激反应更加严重。断奶应激会导致肠黏膜通透性增加，肠绒毛萎缩，减弱仔猪的消化和吸收能力。早期断奶仔猪的消化系统和免疫系统等均未发育成熟,仔猪排斥进食饲料,从而导致体重下降、免疫力低下。

3. 新生仔猪的损伤处理

(1)剪牙。

为了防止初生仔猪在争抢母猪奶水时咬伤乳头或和同窝仔猪打斗时咬伤对方,可除去仔猪犬齿。但是,剪牙给仔猪带来痛苦的同时,还可能使牙腔暴露或震裂牙齿,引发感染。另外剪牙留下的尖锐边缘还可能伤害仔猪的舌头和口唇。

(2)耳号标记。

生产实践中仍多采用穿耳牌和剪耳缺的方法(图8-2),有时候凹口太浅,可能会被封上,或引起其他仔猪的注意,导致血耳,造成仔猪肉体上的伤害。为了确保耳号信息的准确,常用双标识法甚至三标号法等,给仔猪带来痛苦。根据我国CAS 235—2014《农场动物福利要求 猪》的要求,永久性标识猪只时,可采用耳标、印标等方式;暂时性标识猪只时,应保证所用材料不含有毒有害物质。另外,还可以结合现代科技,如电子射频标识、DNA分型和视网膜识别等技术,提高猪的福利水平,减轻痛苦。

图8-2 耳号标记

(3)断尾。

通常猪场给仔猪断尾后没有采取任何止痛措施。尽管断尾可降低咬尾的发生率,但是避免不了仔猪可能会咬同伴的耳朵来替代咬尾,所以剪尾也是治标不治本。研究发现,给仔猪提供软稻草、谷物粗粉和液体饲料,公母混群,并且保证猪场自然通风,可以减少不断尾猪的咬尾行为,福利玩具也可以减少猪咬尾、咬耳、争斗等异常的行为20%以上。

(4)脐带遗留过长。

仔猪出生后,直接徒手扯断脐带,有时候会遗留过长的部分(图8-3),导致其拖至地面,造成仔猪行动受阻,甚至引发感染。

图8-3 仔猪脐带遗留过长

二、哺乳仔猪福利的改善

1. 减少仔猪被挤压的风险

①为仔猪提供母猪无法进入的安全区域，在仔猪的安全区域加上厚厚的垫料和红外线灯，鼓励仔猪到安全区域休息。

②在母猪躺卧、活动周围设置安全栏（图8-4）。

③使用具有良好哺育能力的品种。

④培养优秀的饲养员。

图8-4 安全栏

2. 改善环境丰容

给室内仔猪提供丰富的环境，可促进仔猪玩耍以及自然觅食习性的发展，可减少仔猪给母猪施加的压力。最佳形式的丰容包括提供温暖的环境和可供玩耍的材料。温暖的环境可防止仔猪受凉，可供玩耍的材料包括铁链、橡胶球及稻草垫料等，以增加环境富集度。

3. 推迟断奶时间

推迟断奶时间可确保仔猪健康，同时不用定期服用抗生素，降低断奶后多系统衰弱综合征造成的死亡率，提高仔猪生长速度，降低仔猪饲料成本，改善仔猪的福利。

第二节 生长肥育猪的福利问题与改善

一、生长肥育猪的福利问题

1. 饲养密度高，环境温度波动大，空气质量差

我国集约化养猪面临很多福利问题。集约化生产中给猪提供的平均空间不足0.7米^2/头，猪只拥挤在一起（图8-5），活动空间进一步被压缩，加速了疾病的传播，引发争斗，导致生产损失。

图 8-5　猪只拥挤

　　猪舍的温度以及空气质量是影响生长肥育猪生长的重要因素。集约化饲养条件下的猪舍,如果没有现代化的温度控制系统、空气交换系统,很容易对猪只造成严重的应激伤害。通常普通猪舍采用自然通风的空气交换、温度控制方式,如果猪场不提供其他的夏季降温方式,肥育猪通常会选择在自己的排泄物中打滚来解暑降温,而这无疑会增加患病的风险。

2. 猪舍地面设计不合理

　　漏缝地板是一种很常见的猪舍地面设计形式,能够有效地过滤猪只的排泄物,从而降低甚至避免猪只感染病原菌及寄生虫的风险,并且能够降低劳动强度和节约人力。但水泥材料的漏缝地板会使肥育猪站立不稳,运动时产生不适,导致关节炎的发病率增加。条板式地面(图8-6)则会导致猪瘸腿。

图 8-6　条板式地面

3. 咬斗行为

　　咬斗是一种非正常的生理应激和心理应激的行为反应,经常发生在仔猪突然断乳与不熟悉的猪混群、断尾之后等非正常状态下,常造成猪体损伤(图8-7)。

图8-7　咬斗后造成的损伤

4. 饲料营养

全价配合饲料使生长肥育猪生长速度加快,增加了疝气和脱肠的发病率。生长速度过快还会导致代谢不适,从而引发溃疡、心脏衰竭和瘸腿等问题。

二、生长肥育猪福利的改善

1. 改善措施

①提供一个丰富舒适的环境,及时清理排泄物,保证圈内环境卫生,及时清除疥螨,可减少咬斗行为。

②严格控制猪群密度,合理分配生长空间。针对不同体重的生长肥育猪提供不同的地面设计方案以及空间分配,为等级较低的生长肥育猪提供逃避区。

③混群数量保持在最低水平。

④通过育种和投喂,降低受伤和代谢问题的发生率。

⑤采用现代化的温控系统以及空气交换系统,传统猪舍应提供淋浴等降温措施。

2. 生长肥育猪的友好型饲养系统

理想的养殖环境应该使猪能够方便地获得充足的饲料和饮水,减少个体之间的争斗,避免外界造成的各种应激,能够充分自主表达自身行为习惯,并且拥有足够自由的活动空间。因此提出"生长肥育猪的友好型饲养系统",该系统主要包括舍饲系统、深床饲养系统和户外饲养系统等。

此外,在传统舍饲过程中给予生长肥育猪一定的福利性设施可以显著促进其采食、饮水以及排泄,并且能够明显改善由于生长空间不足导致的生产性能损失。常用的福利措施主要有铁链、玩具球、拱槽等。

第三节 母猪的福利问题与改善

一、妊娠母猪的福利问题与改善

1. 妊娠母猪的一般福利要求

（1）饲养模式与条件良好。

孕前期（2个月）依性格、大小和强弱分类饲养，每圈不超过4头，占地面积＞3米²/头；孕中期（60～90天），每圈不超过2头，占地面积＞4米²/头；孕后期（90～110天），每圈1头，占地面积＞6米²/头。不实行限位或半限位栏饲养，有室外运动场。饲料营养均衡，含有适量的有机硒、铬、铁。视膘情实行个性化饲养，补饲部分青饲料，让其无饥饿感。

（2）环境福利。

室温为12～22℃，相对湿度为60%～70%。舍内地坪以软沙土地坪为好。若为水泥地坪，应垫以锯木屑，厚度不少于10厘米。

（3）保健福利。

产前3周驱除体内外寄生虫，在饲料中常规添加霉菌毒素吸附剂、丝兰属提取物及免疫增强剂等。

成年猪有很强的社会群体关系，猪群中有清晰的社群序列。成群母猪的饲养会存在一定的攻击问题。因此，为了避免这种伤害，妊娠母猪一般单独饲养在妊娠限位栏里。人们往往认为母猪妊娠限位栏的使用可以带来较高的产仔存活率，提高养猪场的生产率。然而这种做法虽然消除了群饲母猪的应激，同时也带来了一些严重的生理健康和心理问题，导致行为异常。

2. 妊娠母猪的福利问题

（1）无法自由活动。

妊娠母猪的限位栏仅比普通母猪大一点，极大地限制了妊娠母猪的活动，限位栏里的妊娠母猪（图8-8）遭受外伤和身体疼痛，还要被迫站立和躺卧在不适宜的地面或残留的粪便和尿液里。尽管分娩栏设计各异，其结构原理都是为了防止母猪突然转身或躺卧造成仔猪意外伤亡，但这些限位栏对母猪的行为表达是不利的。

图8-8　限位栏中的妊娠母猪

（2）环境应激。

围栏中若没有任何垫草材料，母猪就没有保温措施，得不到热保护。这不仅会导致冷应激，还有可能促使或加剧皮肤和四肢受伤，导致肌肉群和骨骼强度下降，甚至诱发肢蹄病（图8-9）、尿路感染、心血管疾病和呼吸性疾病等。

图8-9　妊娠母猪发生蹄裂

（3）心理和行为。

无法表达自然行为：自然环境下，母猪白天会花费时间觅食和拱土来寻找食物，也会通过打滚或寻找阴凉来保持体温，同样也会将筑窝、采食和排泄的地点分开。

刻板行为：由于环境贫瘠，动物不能表达自然行为，同时缺乏运动和社会交往等，导致一些母猪感到沮丧或者无聊，表现异常。刻板行为正是以移动或不正常重复无用功或无目的性的行为作为特征，例如啃咬栏杆、摇头、反复摩擦栏杆、做咀嚼动作（嘴里无食物）等。

缺乏活动和反应迟钝：猪天生具有好奇心，活跃爱动。不活动和反应迟钝尤其频繁地出现在受限母猪身上，随着时间的推移，妊娠栏里的母猪对外部的刺激反应越来越少。外部刺激包括水喷洒到它们的背上、母猪发出的咕噜声、电子蜂鸣声，甚至仔猪的尖叫声，它们对这些刺激都视若无睹。

攻击：随着连续妊娠，母猪中的好斗个体更容易出现应激并且恶化，妊娠栏中好斗的个体会相互攻击，不愿意避开打斗，其打架的现象高出群饲母猪3倍。

3. 改善

改善措施包括提供活动空间、提供有垫料或其他实物的丰容场所、让母猪待在小而稳定的群体中、给猪提供在打斗时能够躲避的场所、采用减少争斗情况的投喂系统、提供能够使猪在需要时自我调节温度的场地、隔离好斗母猪等。

妊娠母猪限位栏的替代系统包括室内群饲系统和户外饲养系统。很多有关分娩栏设计的研究已经将初生仔猪的死亡率降低到10%以下，这提高了母猪的福利而且仅需要很少的投入。新的分娩栏也在不断地研究和开发中，如在垫草分娩栏里设置防压杆等。

二、哺乳母猪的福利问题与改善

1. 哺乳母猪的一般福利要求

（1）饲养模式与条件。

单栏水泥地坪的饲养面积不少于8平方米，有干净的垫草。若为高床饲养，其限位栏应加宽至65厘米，以便起卧，最好为木制床面。若为水泥或铁制床面，应平整、无尖锐突起。

（2）饲料营养。

尽可能饲喂稀料，少喂多餐，分娩当天给予温热的红糖水。

（3）环境福利。

产仔母猪的圈内温度应为18～23℃，否则太高的温度会降低其采食量和泌乳能力。相对湿度为60%～70%，通风良好。

（4）保健福利。

不给予母猪苦味的药物，减少泌乳期失重，仔猪于21～25天断奶。诱导70%的母猪在白天分娩，以便护理更周到，产程尽可能控制在150分钟内。产后常规应用抗感染措施，注射催产素促使恶露尽早排出。产前对产床（产栏）进行彻底消毒。

（5）行为福利。

断奶时母猪先离开，减少直观分离的痛苦。非限位饲养的母猪在临产前提供干净的褥草以满足其衔草做窝护仔的习性。

2. 哺乳母猪的福利问题

（1）限位栏使母猪行动受阻。

在集约化养殖中，为了防止母猪突然转身或躺卧造成仔猪意外伤亡（图8-10），多数集约化猪场采用哺乳母猪限位栏，其长和宽都太小，导致母猪站立和躺卧困难，移动受到限制。

（2）剥夺母猪的基本需求。

由于产仔栏狭小，母猪无法走动、无法转身、无法舒服地躺下、无法接触其他伙伴、无法到休息区以外的地方排泄粪尿（图8-11）。尤其是刚要分娩之前，母猪有强烈的筑窝愿望，以保护它的幼崽，而且产仔栏会使母猪无法摆脱仔猪对其造成的伤害，例如啃咬其乳头（图8-12）。

（3）母猪产仔前紧张。

在产仔栏中，母猪仍然试图通过拱土、拱地板和拱栏杆的行为表达筑窝的意图。这一受挫感，可刺激"应激（焦虑）激素"（如可的松）的产生。然而，仅为产仔栏中的母猪提供稻草，无法缓解情况，还必须给母猪提供空间，以供母猪自由活动。

（4）母猪无法躲避仔猪。

母猪在产仔栏中待3～4周后，强行将仔猪从母猪身边移走，以便仔猪断乳。在断乳前的这段时间里，母猪还会出现"应激（焦虑）激素"产生的另一高峰。人们认为，母猪之所以再次出现应激、焦躁的情绪，是因为无法从持续吃乳的幼仔身边获得片刻的休息。这是因为贫瘠的地面上没有任何东西可供仔猪玩耍，仔猪只好啃咬母猪的身体。由于无法从仔猪身边短暂离开，母猪也需要一直进行产乳，这

图8-10　小猪被母猪压死

图8-11　限位栏剥夺了母猪的基本需求

图8-12　母猪的乳头被小猪咬破

都会给母猪造成很大的焦虑。

3. 哺乳母猪福利问题的改善

①挑选哺育能力强的母猪品种。

②培养负责任的饲养员。

③给母猪提供筑窝所需要的稻草或其他垫料。

④为仔猪提供安全的区域。

⑤为母猪提供足够的空间。

⑥为即将产仔的母猪提供单独的产房。

第四节　装卸、运输和屠宰环节的福利问题与改善

一、装卸、运输和屠宰环节的福利问题

当猪达到一定体重的时候,需要将猪运送到屠宰场进行屠宰。在此过程中涉及装卸、运输以及屠宰,由于条件限制以及不人性化处理,增加了猪不必要的痛苦。这一过程若处理不当,不仅不符合动物福利,而且会使猪产生应激,影响猪肉品质甚至致使动物死亡,导致一定的经济损失。

1. 装卸过程中的动物福利问题

虽然装卸过程在整个转移过程中占的时间不长,但是此环节仍然存在许多动物福利问题。主要问题如下:

①装载坡道坡度大。猪很难适应坡道,上下走动时会使猪的心率升高,产生应激。

②装车时不同猪群混在一起会打架。

③身体磨损。猪在装卸过程中发生惊慌,容易与周围墙壁以及其他尖锐物体碰撞造成损伤。

④装车速度快会出现更高的死亡率。

⑤噪声、阴影还有黑暗都会影响猪,致使其行动改变,试图逃跑。

⑥当猪不移动或不往预期方向移动时,采用电击棒刺激,可造成胴体损伤及猪肉品质下降。

2. 运输过程中的动物福利问题

运输环节可短可长,一般都是平稳的过程,但是这也涉及一些动物福利问题。若处理不当会造成应激,不仅会对猪肉品质造成影响,而且会提高猪的死亡率。

①饲料和饮水不足。在运输过程中,不提供饲料和水,使猪更易疲劳。脱水以及营养供给不足会使猪在运输过程中的死亡率升高。

②高温。卡车里的温度比较高,猪的汗腺不发达,容易受热应激,严重时甚至导致猪死亡。

③低温。在风雪中行走的卡车,温度明显低于外面的温度,猪可能在寒冷中致命。

④运输时间过长导致的疲劳和死亡。

⑤运输车。车里猪的密度过大,没有水平停置给猪平稳站立的空间,车内空气流通不畅、浑浊。

3. 屠宰过程中的动物福利问题

对动物产生伤害的处理方式一直都是动物福利所关注的重点问题。屠宰过程若处理不当,对于猪是一个非常痛苦的过程,其中所存在的动物福利问题如下:

(1)宰前处理的福利问题。

屠宰前猪处于陌生环境,焦虑加重,严重情况下不同群体的猪会发生争斗。同时待宰圈的条件不好,设计不合理,存在福利问题,例如没有饮水设施,过度拥挤等。

(2)击晕的福利问题。

屠宰场普遍采用的击晕方式有电击晕和二氧化碳窒晕。电击晕的原理是让电流瞬间通过猪的大脑和心脏,使猪处于癫痫和心脏骤停状态,电击晕的效果是暂时的,目的是让猪迅速失去意识。在正式操作过程中,击晕钳的力度过大,会造成猪的不适感。电流强度不够,击晕钳的位置不对,则不能达到有效击晕的效果。

二氧化碳窒晕的原理是低氧引起猪严重的呼吸困难,从而产生缺氧性昏迷,适用于使一群猪同时晕倒。在此过程中存在的福利问题有:高浓度的二氧化碳吸入后生成碳酸,具有酸性的性质,引起猪的不适。除了二氧化碳自身性质的问题之外,二氧化碳浓度不足可导致猪昏迷程度不够。

(3)放血的福利问题。

此过程涉及的福利问题大体上是由于上一击晕过程未做好,导致放血时给猪带来巨大的痛苦。

二、装卸、运输和屠宰环节的改善

1. 装卸环节福利改善

①使猪处于平静状态下进行装卸。

②小群装卸,单列通道,通道两侧设隔板。

③尽可能不采用驱赶棒驱赶猪,可以采用旗帜、塑料划桨等。若用电击棒驱赶,应选用电流小的不会造成伤害的电击棒,且驱赶时不应触及猪的敏感区域,如眼睛、耳朵等。

④装卸坡道小于20°,注意防滑。坡道与运输车尽量无缝接合。

2. 运输环节福利改善

①保证充足的饲料和饮水。

②注意天气温度,及时做好相应措施,防止猪的冷、热应激。

③运输车内猪的密度不应过大,设置水平位置给猪提供平稳的站立空间。

④尽量避免长途运输,尽可能在平稳的道路运输,运输车行驶时避免急促改变车速和行驶方向。

3. 屠宰环节福利改善

击晕过程做到操作合理、准确,在最大化减少猪痛苦的前提下将猪击晕。击晕之后尽快处理,避免屠杀放血时出现苏醒的情况。尽量避免电击等过激的方式对屠宰猪产生应激,影响猪肉品质。

第五节　其他福利问题

一、环境问题

猪的饲养环境是指与猪生活关系极为密切的空间以及直接、间接影响猪只健康的各种自然因素和人为因素。目前我国规模化猪场饲养环境主要存在的福利问题如下:

1. 饲养密度过高

高密度饲养(图8-13)在一定程度上提高了猪舍利用率,提高了生产效率,但高的饲养密度不仅影响猪舍的温度、湿度、通风以及有害气体、尘埃、微生物的含量,还会导致猪无法按自然天性进行生活和生产,使处于该饲养环境中猪的定点排粪行为发生紊乱,圈栏内卫

图8-13　饲养密度大的猪舍

生条件变差,增加猪只与粪尿接触的机会,从而影响猪的生产性能和身体健康。

2. 环境过于单调

目前国内广泛采用的圈栏饲养模式造成猪只生活环境十分单调,圈栏内除必要的饲养设施、设备外,其他有利于猪只表现其天性行为的福利性设施、设备一点都没有。贫瘠的饲养环境使猪只的自然天性行为(如啃咬、拱土等行为)大大受到抑制,出现如对同伴咬尾、咬耳和拱腹等有害的异常行为。

3. 地板设计不合理

为了清粪的方便和尽量保持猪舍的卫生状况,多数猪场都采用全部或局部漏缝地板(图8-14)。虽可避免猪体与粪便接触,减少通过粪便感染病原菌和寄生虫的机会,同时减轻清粪工作强度。但是,漏缝地板如水泥漏缝地面既凉又滑,常导致猪只摔倒,引发腿部关节炎等,对断奶前的仔猪危害更大。金属漏缝地板会导致母猪乳头受损以及猪只蹄及肘部的损伤。

图8-14　漏缝地板

二、猪福利问题的改善

1. 改进饲养工艺模式

饲养工艺模式对猪只的生活影响非常大。户外养猪是近年来在世界部分地区出现的集约化养猪模式,其特点是放牧结合、定点补饲,成本较低,包括1个大的围栏和可以供猪休息的简易窝棚。户外养猪工艺能使猪只接受大自然的锻炼(图8-15),使猪具有平静的行为和良好的体质,并且在运输和屠宰时不易产生应激,因而肉质好。这种养猪工艺是综合生产技术、改善环境和经济效益的可持续的养猪生

图8-15 猪群户外活动

产模式。诺廷根暖床养猪工艺或"猪村养猪",是德国猪行为学家布弋设计的一种新型的集约化、规模化养猪工艺模式。与其他养猪工艺[如厚垫草、定位饲养(笼养)]相比,该工艺可使断奶仔猪死亡淘汰率降低50%,仔猪日增重提高10%~17%,节省饲料10%。中国农业大学引进了这一养猪新工艺,并研究开发了适合我国国情的舍饲散养模式,已在山东、河北、重庆等地应用,效果显著。

2. 降低饲养密度

生长猪的饲养密度(由猪群大小和占地面积确定)是猪福利和生产管理决策的中心。随饲养密度的增大,猪的打架、攻击、威胁、霸位和咬尾等行为的发生频率增高,平均站立活动时间增长,平均卧息时间相应减少,猪群次序不易建立,猪的咬斗频率明显增多,因此应适当降低饲养密度(图8-16)。试验结果表明,每头猪占地面积应不低于1.52平方米。

图8-16 低饲养密度的猪舍

3. 设置福利性设施，增加环境丰富度

Pearce和Paterson发现饲养在贫瘠环境中的猪比饲养在丰富环境中的猪对应激刺激的反应更强烈。同样，饲养在丰富环境中的猪比饲养在贫瘠环境中的猪对人的害怕程度更小，而且生活在丰富环境中的猪的肉质嫩度更好。对于舍饲系统猪的环境丰富度的增加，可以通过设置一些"玩具"，如轮胎、链条、橡胶管和泥土类似物（泥炭、锯屑、沙子和用过的蘑菇培养基）等来实现。图8-17所示为产房自动饲喂的下料器，其中黑色的球是拱式下料球（图8-18），将料葫芦里的料投到透明管里后，母猪只有拱下面的黑色球，才能将饲料漏到料槽中，母猪有时也会拱着玩。

图8-17 产房自动饲喂的下料器　　　图8-18 拱式下料球

4. 改善地板状况

地板状况是最直接影响猪只生活、生产的因素。国外学者研究发现，漏缝地板饲养的猪只严重呼吸道疾病的患病率为13%，而采用厚垫草肥育模式饲养的猪只患病率仅为6%，且猪只表现出较少的咬尾行为。

5. 加强舍内环境控制，稳定猪舍小气候

动物患病通常是由于它们难以适应其生活环境，应根据季节的差异，做好小气候环境的控制，加强通风换气，使舍内空气新鲜，保持温度适宜、稳定，减少冷热刺激，保持适宜的环境条件，使猪只生活在一个稳定的小气候环境之中，以降低猪群的发病率。这样可以大大减少药物和抗生素的用量，提高猪肉品质。

6. 提供优质的饲料

人类若想吃到营养全面且安全的猪肉，就必须给猪只提供优质、安全的饲料，且要根据猪的品种及生理状态合理配制满足其营养需要的日粮，不宜缺乏，也不宜过量。但养猪场为了改善猪只健康，提高生产性能，往往依靠长期使用药物、激素和抗生素等控制猪病，提高生产性能，这样会导致猪肉产品中药物、激素和抗生素等残留量超标。因此，应严禁违规使用重金属、抗生素和盐酸克伦特罗（瘦肉精）等添加剂，这些添加剂会影响肉品的食用安全，危害人类健康。饲料生产者要严格遵守国家规定，并且必须标明饲料中各种成分的含量和使用方法，确保饲料的品质。另外，饲料原料和饮水的质量安全是生产优良猪肉的基础，这就要求饲料生产者在采购饲料原料时，要选购符合国家标准的饲料原料，并在贮存过程中避免其发霉变质。

7. 使猪免受恐惧和痛苦的威胁

猪场的饲养管理人员在饲养管理的过程中，尽量不要驱赶、打骂、恐吓猪只，使猪在放松自在的状态下生长，对公猪采取不去势或去势前麻醉以减轻痛苦，会大大减少猪应激的发生。要特别善待宰前的生猪，宰前运输要避免拥挤，不要鞭打、高声吆喝和随意驱赶猪只，保持车内通风。进入屠宰场后要让生猪充分休息并提供充足的清洁的饮水。在屠宰过程中，不能让生猪目睹同类被宰杀的场面，以免产生恐惧，采用有效击晕的方式，可减少放血时的抽搐。以上管理方式在确保猪只动物福利的同时也能减少应激对猪肉品质的负面影响。

饲养环境的动物福利问题不但对猪只健康和生产性能产生影响，而且还影响猪肉品质和安全性，所以关注动物福利就是关注人类的福利。同时，动物福利问题在经济领域的影响也越来越不容忽视，越来越多的国家尤其是发达国家已经开始将动物福利与国际贸易紧密挂钩，形成新的贸易壁垒。因此，创造健康、舒适的养猪生产环境，注重饲养过程中的猪只福利，改善猪只的饲养方式和生存环境，以提高猪只自身的免疫力和抵抗力，减少疫病的发生，从而生产出安全的猪肉产品，打破"动物福利壁垒"，增强作为我国畜牧主体的养猪业的国际市场竞争力。

参考文献

[1] BARNETT J L, HEMSWORTH P H, HAND A M. Effects of chronic stress on some blood parameters in the pig[J]. Applied Animal Ethology, 1983, 9 (3-4): 273-277.

[2] BEATTIE V E, WALKER N, SNEDDON I A. Preference testing of substrates by growing pigs[J]. Animal Welfare, 1998, 7 (1): 27-34.

[3] BLACKSHAW J K. Some behavioural deviations in weaned domestic pigs: persistent inguinal nose thrusting, and tail and ear biting[J]. Animal Production, 1981, 33 (3): 325-332.

[4] FEDDES J J R, FRASER D. Non-nutritive chewing by pigs: implications for tail-biting and behavioral enrichment[J]. Transactions of the ASAE, 1994, 37 (3): 947-950.

[5] FRASER D. The role of behavior in swine production: a review of research[J]. Applied Animal Ethology, 1984, 11 (4): 317-339.

[6] FRASER D, PHILLIPS P A, TOMPSON B K, et al. Effect of straw on the behaviour of growing pigs[J]. Applied Animal Behaviour Science, 1991, 30 (3-4): 307-318.

[7] GENTRY J G, MCGLONE J J, BLANTON J R, et al. Alternative housing systems for pigs: influences on growth composition, and pork quality[J]. Journal of Animal Science, 2002, 80 (7): 1781-1790.

[8] HAUSSMANN M F, LAY D C, BUCHANAN H S, et al. Butorphanol tartrate acts to decrease sow activity, which could lead to reduced pig crushing[J]. Journal of Animal Science, 1999, 77 (8): 2054-2059.

[9] HILL J D, MCGLONE J J, FULLWOOD S D, et al. Environmental enrichment influences on pig behavior, performance and meat quality[J]. Applied Animal Behaviour Science, 1998, 57 (1-2): 51-68.

[10] HONEYMAN M S. Sustainability issues of U.S. swine production[J]. Journal of Animal Science, 1996, 74 (6): 1410-1417.

[11] HUNTER E J, JONES T A, GUISE H J, et al. The relationship between tail biting in pigs, docking procedure and other management practices[J]. Veterinary Journal, 2001, 161 (1): 72-79.

［12］LOPEZ-SERRANO M, REINSCH N, LOOFT H, et al. Genetic correlations of growth, backfat thickness and exterior with stay ability in large white and landrace sows［J］. Livestock Production Science, 2000, 64（2-3）：121-131.

［13］PEARCE G P, PATERSON A M. The effect of space restriction and provision of toys during rearing on the behaviour, productivity and physiology of male pigs［J］. Applied Animal Behaviour Science, 1993, 36（1）：11-28.

［14］WARRISS P D, KESTIN S C, ROBINSON J M. A note on the influence of rearing environment on meat quality in pigs［J］. Meat Science, 1983, 9（4）：271-279.

［15］WEN X X, HE X J, ZHANG X, et al. Genome sequences derived from pig and dried blood pig feed samples provide important insights into the transmission of African swine fever virus in China in 2018［J］. Emerging Microbes & Infections, 2019, 8（1）：303-306.

［16］WILLIAMS J. Management and welfare of farm animals: the UFAW farm handbook［M］. Chichester: Wiley-Blackwell, 2011.

［17］ZHAO D M, LIU R Q, ZHANG X F, et al. Replication and virulence in pigs of the first African swine fever virus isolated in China［J］. Emerging Microbes & Infections, 2019, 8（1）：438-447.

［18］班国勇. 生猪标准化规模场（小区）的选址、布局与猪舍设计［J］. 现代畜牧科技, 2014（7）：42-43.

［19］樊志刚. 养猪场粪污的沼气处理方法［J］. 养殖技术顾问, 2013（3）：42.

［20］谷山林, 曾秀, 王海燕, 等. 种母猪的选择方法及注意事项［J］. 畜禽业, 2016（4）：50-51.

［21］顾小根, 王一成. 常见猪病临床诊治指南［M］. 杭州: 浙江科学技术出版社, 2010.

［22］郭传甲. 商品猪生产的杂交方式与繁育体系［J］. 养猪, 2005（2）：11-13.

［23］国家畜禽遗传资源委员会. 中国畜禽遗传资源志·猪志［M］. 北京: 中国农业出版社, 2011.

［24］国家生猪产业技术体系. 防控非洲猪瘟恢复生猪生产九项关键技术［N］. 农民日报, 2019-08-31（7）.

［25］胡成, 李宁宁, 刘则学, 等. 饲料因素对非洲猪瘟病毒防控的作用［J］. 养猪, 2019（4）：126-128.

［26］胡成波. 猪场病死猪处理普遍存在的问题及解决办法［J］. 猪业科学, 2014, 31（5）：86-87.

［27］KYRIAZAKIS I, WHITTEMORE C T. 实用猪生产学: 第3版［M］. 王爱国, 译. 北京:

中国农业大学出版社,2014.

［28］李升生,顾宪红. 现代养猪生产中的福利问题［J］. 中国饲料,2004（18）:2-5.

［29］李文献,杨华威,喻传洲. 高抗逆性瘦肉型猪配套系选育［J］. 今日养猪业,2013（5）:
46-50.

［30］李新建,吕刚. 生猪标准化生产［M］. 郑州:河南科学技术出版社,2012.

［31］林聪,段娜. 沼气技术在规模化猪场粪污处理中的应用［J］. 猪业科学,2013,30
（10）:42-43.

［32］刘俊. 猪场的选址、设计与布局［J］. 现代畜牧科技,2015（3）:145.

［33］刘喜生,杨玉,靳藜,等. 现代养猪生产中的福利问题与保护措施［J］. 当代畜禽养殖
业,2015（5）:3-5.

［34］刘作华. 猪规模化健康养殖关键技术［M］. 北京:中国农业出版社,2009.

［35］卢金. 简述供精站用种公猪的选择与调教［J］. 黑龙江动物繁殖,2017,25（5）:26-
27.

［36］陆承平. 动物保护概论［M］. 北京:高等教育出版社,2004.

［37］美国国家科学院研究委员会. 猪营养需要:第11次修订版［M］. 印遇龙,阳成波,敖
志刚,译. 北京:科学出版社,2014.

［38］孟繁荣. 选择种公猪应注意的事项［J］. 国外畜牧学（猪与禽）,2011（5）:91-92.

［39］曲万文. 现代猪场生产管理实用技术:第2版［M］. 北京:中国农业出版社,2009.

［40］荣风梅. 动物行为学原理在福利型畜牧业生产中的应用分析［J］. 畜牧与饲料科学,
2011,32（5）:123-124.

［41］施正香. 健康养猪的空间环境构建与养殖技术模式研究［D］. 北京:中国农业大学,
2014.

［42］施正香. 健康养猪工程工艺模式:舍饲散养工艺技术［M］. 北京:中国农业大学出版
社,2012.

［43］施正香,李保明,张晓颖,等. 集约化饲养环境下仔猪行为的研究［J］. 农业工程学报,
2004（2）:220-225.

［44］覃军. 猪场非洲猪瘟的防控对策［J］. 现代农业科技,2019（20）:223-224.

［45］王佳贯. 高效健康养猪关键技术［M］. 北京:化学工业出版社,2009.

［46］王小红,顾卫兵,陆德祥. 病死猪无害化处理方法探讨［J］. 上海畜牧兽医通讯,
2015（4）:71-73.

［47］王新福. 生物发酵无害化处理病死猪探讨［J］. 猪业科学,2013,30（10）:38-39.

［48］席磊,施正香,李保明,等. 环境丰富度对肉猪生产性能及胴体性状的影响［J］. 农
业工程学报,2007,23（8）:187-192.

［49］夏炉明，陈琦，朱九超，等. 浅谈规模化猪场消毒技术的应用及注意事项［J］. 上海畜牧兽医通讯，2015（3）：66-67.

［50］徐有生. 科学养猪与猪病防制原色图谱：第2版［M］. 北京：中国农业出版社，2017.

［51］杨公社. 猪生产学［M］. 北京：中国农业出版社，2002.

［52］杨和伟. 中小规模标准化生猪养殖技术方案的建立［D］. 武汉：华中农业大学，2011.

［53］尹国安. 养猪生产中的福利问题［J］. 现代畜牧科技，2015（1）：1-3.

［54］张立. 规模化猪场盈利模式：实战派养猪专家经验汇集［M］. 北京：中国农业出版社，2016.

［55］张明. 猪杂交的几种方式［J］. 农家科技，2008（10）：31.

［56］张婷，张鑫，郭延顺，等. 三种猪用动物福利玩具在生产中的试验研究［J］. 猪业科学，2016，33（8）：51-53.

［57］张振铃，李云龙，薛忠，等. 我国规模猪场仔猪福利问题与对策［J］. 家禽生态学报，2017，38（9）：84-86.

［58］赵书广. 中国养猪大成［M］. 北京：中国农业出版社，2003.

［59］浙江省畜牧兽医局. 浙江省畜禽遗传资源志［M］. 杭州：浙江科学技术出版社，2016.

［60］周琳，李职，陈静波，等. 如何通过饲料生产防控非洲猪瘟病毒［J］. 养猪，2019（2）：127-128.